KB148560

십 대가 알아야 할

인공지능과
4차 산업혁명의
미래

십 대가 알아야 할
인공지능과 4차 산업혁명의 미래
(개정판)

초판 1쇄 발행 2018년 5월 20일
초판 35쇄 발행 2023년 10월 5일
개정판 1쇄 발행 2024년 3월 30일
개정판 3쇄 발행 2024년 12월 5일

지은이 전승민
펴낸이 이지은 **펴낸곳** 팜파스
기획편집 박선희
디자인 조성미
일러스트 박선하
마케팅 김서희, 김민경
인쇄 케이피알커뮤니케이션

출판등록 2002년 12월 30일 제 10-2536호
주소 서울특별시 마포구 어울마당로5길 18 팜파스빌딩 2층
대표전화 02-335-3681 **팩스** 02-335-3743
홈페이지 www.pampasbook.com | blog.naver.com/pampasbook
이메일 pampasbook@naver.com

값 16,000원
ISBN 979-11-7026-637-2 (43550)

십 대가 알아야 할

인공지능과
4차 산업혁명의
미래

개정판

전승민 지음

팜파스

'로봇 전문 기자'

현직 기자로 일을 할 때 주위의 많은 분들께서 저를 그렇게 부르고는 했습니다. 물론 '과학 기자'라는 제 정식 직함으로 불러 주실 때 내심 더 기뻤습니다만, 꽤 많은 분들이 저를 로봇을 집중적으로 취재하는 전문 기자라고 생각했습니다.

이건 아마 제가 우리나라 최초의 인간형 로봇 '휴보'를 12년 이상 꾸준히 취재하며 남들보다 많은 기사를 썼고, 또 그 과정에서 전 세계의 다양한 로봇 역시 취재해 국내에 소개한 적이 있기 때문일 것입니다. 이렇게 여러 해 동안 얻어 낸 내용을 정리해 몇 권의 책으로 펴낸 적도 있다 보니 주위 분들께서 기특하게 보아 주시는 것이 아닐까 생각합니다.

간혹 운 좋게 여러 학교나 도서관 등에서 저를 초청해 주실 때도 있습니다. 로봇과 컴퓨터 기술의 미래를 소개하는 '일일 강사'로 나서 달라는 요청이지요. 제 강연 내용이야 정식으로 많은 내용을 공부한 학자들께서 보신다면 낯이 뜨거울 정도로 변변치 못한 것입니다만, 제가 좋아하는 '로봇'과 '컴퓨터', 그리고 '인공지능'이라는 주제로 여러 학생과 이야기를 나누는 것이 꽤 즐거워 시간이 허락하는 한 될 수 있는 대로 참여하려고 합니다.

그때마다 학생들이 저에게 많은 질문을 해주십니다. 놀랄 정도로 예리한 질문도 있고, 또 학생들의 참신한 아이디어가 대단히 큰 감동으로 다가온 적도 많습니다. 그럴 때는 부족한 식견이지만 최대한 열심히 답해 드리며 함께 정답에 가까운 생각을 해보기 위해 노력하고는 하지요.

하지만 그러면서도 늘 느끼는 아쉬운 점이 있었는데, 로봇이나 인공지능, 첨단 기계 장치에 대한 학생들의 인식이 현실과 정말 많이 동떨어져 있다는 사실이었습니다. 예를 들어 "로봇의 지능이 점점 발전하다가 언젠가 사람을 지배하려고 들면 어떻게 해야 하나요?", "살인 로봇이 인간에게 반항하고 범죄를 일으키면 어떻게 하지요?", "로봇들이 일자리를 다 빼앗아 가면 인간은 가축으로 전락하는 것이 아닌가요?"와 같은 질문을 받으면, '도대체 어디서부터 이런 오해를 풀어 주어야 하나' 싶은 생각이 들어 적잖이 당황하고는 했습니다.

이런 상황은 기술에 대한 이해가 부족한 언론 그리고 영화나 드라마, 만화 등을 만드는 미디어 종사자 분들의 책임도 적지 않습니다.

영화를 보면 인간보다 똑똑한 로봇이 주인공을 해치려고 달려들고, 강력한 무기를 달고 있는 인공지능 로봇이 인간을 공격하는 모습이 자주 나옵니다. 그렇다 보니 많은 대중이 '로봇과 인공지능은 위험한 존재'라고 인식하게 되는 것이지요. 한 전문가가 그저 '앞으로 기술 개발 과정에서 좀 더 조심할 필요가 있다' 정도의 의도로 언론사와 인터뷰를 했는데, 신문 기사 등에는 [과학자 A씨, "인공지능 개발이 인류를 파멸로 몰고 갈 것"]과 같은, 자극적인 제목을 달고 세상으로 퍼지기도 합니다. 이런 내용을 자주 본 많은 분들이 과학 기술로 사회가 발전하는 것 자체를 우려하는 경우도 볼 수 있었습니다.

이 책『십 대가 알아야 할 인공지능과 4차 산업혁명의 미래』는 그럴 때마다 느꼈던 답답한 마음을, 시간과 장소의 한계 때문에 주변의 어린 학생들에게 하지 못했던 설명들을 차근차근 알기 쉽게 적어 본, 한 과학 기자의 이야기책입니다.

로봇과 인공지능, 컴퓨터 기술은 현재 어떤 수준에 올라와 있는지, 우리 인류는 앞으로 어떤 연구를 더 열심히 해야 하는지, 어떤 기술은 현실적으로 실현할 수 없는 것인지를 객관적으로 전하고자 했습니다. 자라나는 학생들이 어떤 시각으로 미래를 바라보고, 또 어떤 눈으로 자신의 진로를 결정하면 좋을지를 알아 가는 계기가 되기를 바랐기 때문입니다.

감사하게도 많은 분들이 이 책을 사랑해 주서서 다행으로 생각합니다. 초판이 발행된 것은 2018년. 그러니 벌써 5년이 넘었습니다. 그간 꽤 많은 부수가 인쇄되었고, 주로 청소년층에서 구매해 주셨다고 들어 정말로 기쁘게 생각합니다. 가끔은 '덕분에 과학자의 꿈을 품게 되었다'며 편지 등으로 연락해 오는 학생들도 있었습니다. 저자로서 그 이상 없을 큰 영광이라고 생각한 날이었습니다.

5년은 짧다면 짧은 시간입니다만, 숨 가쁘게 변해 가는 현대 사회에서 대단히 긴 시간이기도 합니다. 그렇게 많은 분들께서 사랑해 주신 책이기는 합니다만, 5년이 넘게 흐른 지금으로서는 이 책의 내용을 조금은 수정하고 보완할 필요가 있었습니다. 새롭게 『십 대가 알아야 할 인공지능과 4차 산업혁명의 미래』의 개정판을 여러분께 선보이는 까닭입니다.

이 책을 처음 쓸 때 가장 신경 썼던 점은 '읽기 쉬운 책을 만들어야겠다'라는 것입니다. 학생들은 물론, 각종 복잡한 기계나 컴퓨터 장치에 불편함을 느끼는 성인 여러분들도 술술 읽어 보실 수 있도록 최대한 쉬운 표현과 문장으로 다듬었습니다. 이번 개정판도 그 골격을 그대로 유지했습니다. 다만 여러 가지 사례를 첨단 과학 기술 동향에 맞추어 수정하고, 2024년 현재 과학 기술 사회에서 발표된 대다수의 과학 기술 동향을 반영하도록 노력했습니다. 급변하는 인공지능 기술의 최신 동향도 담아 보았습니다.

이 한 권의 책이 많은 학생 여러분과 독자들께서 로봇과 인공지능,

더 나아가 과학 기술에 대한 올바른 미래관을 갖도록 하는 데 조금이라도 도움이 되기를 바랍니다. 그래서 기술과 사회가 서로 어떤 연관이 있고, 또 어떻게 발전할 수 있는지를 생각해 보는 작은 계기가 되기를 진심으로 바랍니다.

이 책에서 이야기하는 주관적인 의미나 주장은 그저 한 기자의 개인적인 생각일 수 있습니다. 하지만 책에서 다루는 모든 정보는 언론 윤리에 근거해 사실을 기반으로 작성했다는 점도 알려드립니다.

5년 전의 원고를 창피한 마음으로 다시 읽으며.

전승민 올림

누구도 예측하지 못한 신세계가 열리다

자동화 기술, 정보화 기술이 가져온 새로운 세상, 그리고 발전

Chapter 01

Chapter 03

영화 속 상상을 현실로 만드는 기술들이 몰려온다

상상 그 이상을 실현하는 4차 산업혁명의 네 가지 기술

Chapter 06

결국, 인간! 새로운 무대에 올라 미래를 만든다

로봇 시대, 더 중요해지는 인간만의 가치를 찾아서

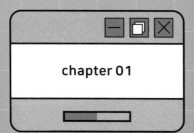

chapter 01

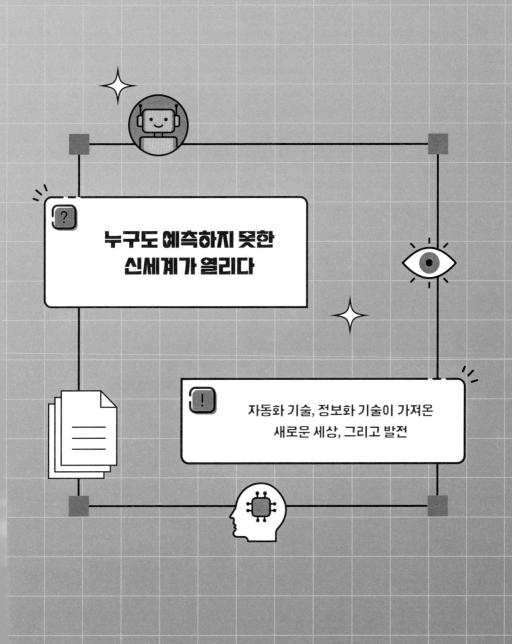

바보 같지만 꼭 필요한 물건 '컴퓨터'

여러분, 스마트폰을 쓰고 있지요? 혹시 쓰지 않는다고 해도, 주변에서 쉽게 스마트폰을 가진 친구들을 볼 수 있을 것입니다. 요즘은 대부분의 사람들이 스마트폰을 들고 다니니까요. 세계 최초의 스마트폰이 개발된 지는 꽤 오래 되었습니다. 하지만 실제로 이렇게 대중적으로 쓰이게 된 것은 불과 몇 년 되지 않았지요. 제가 처음 스마트폰을 구입했던 게 2010년이고, 한국에 스마트폰이 본격적으로 팔리기 시작한 건 그보다 불과 1~2년 전입니다. 그러니 우리나라에 스마트폰이라는 물건이 처음 들어온 건 아직 이십 년이 채 안 되었습니다.

이 시간 동안 사람들의 생활은 정말로 말로 다 설명할 수 없을 만큼 큰 폭으로 변했습니다. 사람들은 이제 어디서든 음악을 듣거나 영화를 보고, 은행 업무를 보고, 인터넷을 검색합니다. 스마트폰으로 결제를 해서 물건을 구입하기도 하지요. 어린 시절부터 스마트폰을 사용하면서 자라온 십 대 여러분은 당연한 것으로 생각할 수 있습니다만, 어른들은 스마트폰이 바꾸어 놓은 변화가 엄청나다고 생각한답니다. 또한 앞으로 더 놀라운 기술이 등장할 것이고, 우리 사회도 큰 변화를 겪으리라고 예상하고 있지요.

이것은 한편으로 옳은 예상입니다. 분명 세상은 빠르게 바뀌고 있고, 우리의 생활 모습도 변하고 있지요. 이렇게 재빠른 변화를 어떻게 따

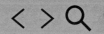

라가야 할지, 무엇을 공부하고 미래에 어떻게 대비해야 할지 알기 어렵다는 우려도 나오고 있지요. 하지만 이 변화를 잘 들여다보면 한 가지를 알 수 있습니다. 바로, 그 중심에 컴퓨터와 정보화 기기가 있다는 사실 말입니다.

 talk 1

슈퍼컴퓨터와 스마트폰이
똑같은 물건이라고?

혹시 '슈퍼컴퓨터'라는 말을 들어 봤나요? 이름부터 '슈퍼'가 들어가니 뭔가 아주 대단한 컴퓨터 같은데, 어떤 컴퓨터가 슈퍼컴퓨터인지 알고 있나요?

많은 사람들이 슈퍼컴퓨터는 뭔가 특별한 종류일 거라고 생각합니다. 우리가 사용하는 개인용 컴퓨터와 달리, 여러 사람이 뭔가 대단히 복잡한 일을 하기 위해서 사용하는 대형 컴퓨터는 구조와 원리가 전혀 다르다고 여깁니다. 슈퍼컴퓨터는 아예 설계 원리가 다른 컴퓨터일 거라고 생각하는 거지요.

그런데 이런 생각은 틀렸습니다. 컴퓨터의 속도나 용량, 크기 면에서 차이가 있지만, 슈퍼컴퓨터라는 건 여러분이 집에서 쓰는 컴퓨터와 기본 원리나 구조에서 다른 점이 별로 없습니다. 그저 여러분이 쓰는 컴퓨터보다 더 좋은 것들을 수백, 수천 대씩 모아 한 대의 시스템으로 구성해 놓았을 뿐이지요. 물론 이 과정에 실력이 좋은 컴퓨터 엔지니어들이 참여해 조금이라도 성능이 좋은 컴퓨터를 만들려고 노력합니다만, 누구라도 컴퓨터 여러 대를 가져다 놓고 제어 프로그램만 새로 깔아 주면 만들 수 있는 시스템이기도 합니다.

세상에서 가장 뛰어난 컴퓨터를 찾아라

그럼 슈퍼컴퓨터란 이름은 어떻게 정해지는 걸까요? 딱히 '이 구조로 만들어야 슈퍼컴퓨터!'라고 정해 놓은 것은 아닙니다. 그냥 성능이 세계에서 500등 안에 든 컴퓨터를 말합니다.

이렇게 고성능 컴퓨터에 순위를 매기기 시작한 사람은 독일인 과학자 한스 무이어Hans Meuer랍니다. 그는 1992년부터 미국과 독일의 뜻이 맞는 과학자들과 함께, 세상에서 가장 빠른 컴퓨터 순위를 나누는 '탑오백www.top500.org'이라는 인터넷 홈페이지를 만들었습니다. 한스 무이어 박사가 고령으로 사망하고 나서, 지금은 그의 아들 마틴 무이어Martin Meuer가 사이트 운영을 맡고 있습니다.

탑오백 운영진은 홈페이지를 통해 매년 2월과 6월, 두 차례에 걸쳐 세계에서 가장 성능이 뛰어난 컴퓨터 500대를 선정해 발표합니다. 이 순위를 어떻게 선정했는지에 대해 논문으로 써서 발표하기도 합니다. 그런 다음 컴퓨터의 주인이나 운영 기관에 멋진 인증서를 만들어 종이로 인쇄해서 보내 주지요. 해마다 컴퓨터 성능은 빨라지고 있으니, 작년에 500등 안에 들어 슈퍼컴퓨터 칭호를 받았던 시스템이 올해는 순위에서 빠져 버린 경우도 많습니다.

마틴 무이어 박사 덕분에 사람들도 슈퍼컴퓨터를 순위에 따라 구분하기 시작했습니다만, 슈퍼컴퓨터라는 말 자체는 그 이전부터 쓰였습니다. 보통 사람이 쓰기 어려운 고성능 대형 컴퓨터를 지칭하는 말이었지요. 그래서 요즘은 500등 안에 든 컴퓨터만 슈퍼컴퓨터라고 부르고, 같은 목적으로 만들었지만 500등 안에는 들지 못하는 고성능 컴퓨터는 HPCHigh-performance computing라고 부릅니다.

우리나라에서 슈퍼컴퓨터를 처음 도입한 건 1988년입니다. 한국과학기술정보연구원KISTI에서 우리나라 과학자들의 연구를 지원할 계획으로 국내 1호 슈퍼컴퓨터 '크레이Cray-2S'를 미국에서 사왔지요. 이 컴퓨터의 속도는 2기가플롭스GFlops 정도랍니다. 1기가플롭스는 1초에 소수 연산을 10억 회 수행할 수 있는 능력을 말합니다. 2기가플롭스는 20억 회가 되겠지요? 당시에 엄청난 성능을 지닌 컴퓨터가 우리나라에 들어온다고 해서 대중의 많은 관심을 받기도 했답니다. 행여나 망가질까 싶어 경찰이 운송 과정을 경호하기까지 했지요.

지금에 와서 보면 이 슈퍼컴퓨터는 여러분이 집에서 쓰는 개인용 컴퓨터보다도 성능이 떨어집니다. 사실 지금 손에 들고 있는 스마트폰보다도 더 성능이 떨어질 것 같습니다. 이 슈퍼컴퓨터의 초당 연산 속도가 2기가플롭스GFlops 정도이고, 램은 2기가바이트GB, 하드디스크는 60기가바이트 정도였습니다. 그러니 종합적인 성능 면에서 삼성전자에서 2010년에 발표한 갤럭시S2나 S3 정도와 얼추 비슷할 것 같습니다.

그 성능이면 나랑 비슷한데, 어디 슈퍼컴퓨터라고 명함을…

너도 1980년대에 태어났어 봐!

스마트폰 갤럭시 S2   크래이-2S

2024년 1월 시장에서 팔리고 있는 가장 성능 좋은 '갤럭시' 시리즈 스마트폰은 'S24 울트라'일 텐데요, S2나 S3과 비교해 성능이 훨씬 좋은 연산 장치를 5개 내장하고 있고, 성능을 더욱 높이기 위한 보조 연산 장치도 2개나 들어 있습니다. 메모리도 훨씬 고성능의 것으로 3배가 넘는 용량을 장착하고 있습니다. 더구나 그래픽 처리 장치나 인공지능 연산 장치 등도 추가로 갖추고 있어 사실상 비교하기 어려운 수준의 기계가 되어 버렸지요. 정확한 수치로 비교하긴 어렵지만, 이 정도면 성능이 기본적으로 몇 배, 상황에 따라 수십 배 정도 차이 난다고 볼 수도 있을 것 같습니다. 이미 여러분은 1980년대 슈퍼컴퓨터를 아득히 능가하는 기계 장치를 한 손에 들고 다니는 셈입니다.

그런데 이렇게 생각하면 궁금한 것이 하나 생깁니다. 1980년대 기준으로 보면 우리는 너 나 할 것 없이 '슈퍼컴퓨터'보다 뛰어난 기계를 손에 들고 다니는 세상이 됐는데, 지금 우리 생활은 얼마나 크게 변했을까요.

40년 전과 지금, 컴퓨터의 일은 똑같다

우리나라에 이 슈퍼컴퓨터가 처음 들어온 1980년대에는 '21세기가 되면 집집마다 사람처럼 생긴 로봇이 보급되고, 인공지능이 사람 대신 일하게 될지 모른다'고 예측하는 사람들이 많았습니다.

물론 그때와 비교하면 세상은 몰라보게 좋아졌답니다. 통신 기술이 발달된 덕분에 차를 타고 가거나 걸어가는 중에도 인스타그램에 사진을 올릴 수 있게 되었습니다. 모르는 게 있으면 언제든지 스마트폰을 검색해 답을 찾을 수 있지요. 이렇게 여러 가지로 편리해졌습니다만, 컴퓨터는 여전히 사람처럼 지능을 지니지 못하고, 사람보다 똑똑하지도 않습니다.

사실 컴퓨터가 할 수 있는 일은 아직도 매우 제한적입니다. 스마트폰에게 "7시에 깨워 줘."라고 말하면 알람을 설정해 주는 기능은 잘 동작합니다. 하지만 "영숙이한테 '내일 도서관에서 함께 숙제하기로 했는데 못 가게 됐어. 미안해'라고 문자 좀 보내줘."라고 한꺼번에 이어서 말하면 어떻게 될까요. 사람이라면 당연히 알아들을 말이지만, 이 정도 문장을 해석해서 답해 주는 컴퓨터는 아직도 찾기 어렵습니다. 최고급 스마트폰으로 실험을 해봐도 대부분 "무슨 말을 하는지 알아듣지 못했습니다."라고 답하거나 "여러 개의 일치 항목이 발견됨."이라고 대답하면서 엉뚱하게 인터넷 검색을 시작합니다.

이쯤 되면 컴퓨터가 정말로 사람의 말을 제대로 알아듣는 날이 오기는 올지 의심이 들기 시작합니다. 우리 손안에 있는, 수십 년 전에 무려 '슈퍼컴퓨터'였던 이 기계는 정말로 사람의 말을 알아들을 만큼

똑똑해질 수는 없는 걸까요?

　2023년 6월 발표에 따르면 세계에서 가장 성능이 뛰어난 컴퓨터는 미국 오크리지Oak Ridge 국립 연구소에 설치된 '프론티어Frontier'라는 이름의 슈퍼컴퓨터입니다. 성능을 적어 놓은 표를 살펴보니 어이가 없을 정도로군요. 초당 연산 속도가 1194페타플롭스PFlops랍니다. 기가플롭스에 1000을 두 번 곱하면 페타플롭스가 됩니다. 기가플롭스로는 1,194,000,000라는군요. 우리나라 최초의 슈퍼컴퓨터가 2기가플롭스라고 했던가요. 대충 계산해서 6억 배 정도 성능이 뛰어납니다. 물론 이건 단순한 연산 수치상 속도일 뿐입니다. 메모리 성능이나 그래픽 처리 능력 등이 전혀 다르므로 실제 성능은 이보다 더 많은 차이가 날 것입니다. 여러분이 가지고 있는 스마트폰과는 5000만 배 이상 성능 차이가 난다고 보아야 합니다.

하지만 이렇게 뛰어난 컴퓨터가 정말로 사람처럼 생각하는 '인공지능'을 갖고 있을까요. 컴퓨터 성능이 점점 좋아지다가 어느 날 사람만큼은 못해도 개나 고양이 정도의 인공지능은 생겨도 좋지 않을까요.

그런데 아닙니다. 이 컴퓨터 역시 하는 일은 크게 다르지 않습니다. 40년 전처럼 사람이 시킨 대로 복잡한 시뮬레이션 계산을 합니다. 물론 다른 컴퓨터로는 시간이 오래 걸려 결과를 내기 어려웠던 우주 전파를 분석해 볼 수 있습니다. 진짜와 구분조차 가지 않는 가상현실 영화를 만들 수는 있습니다. 소프트웨어를 깔아 준다면 초일류 프로 기사만큼 바둑도 잘 둘 수 있을 겁니다. 하지만 그 일들 역시 시간만 많이 주어진다면 여러분의 스마트폰으로도 할 수 있는 일입니다.

앞으로 40년이 더 지난다면, 그때는 이 정도 성능의 컴퓨터가 아마 우리 손바닥 위로 올라오게 될 것입니다. 즉 40년 후에도 집집마다 사람처럼 생각하는 인공지능 컴퓨터가 생겨 여러분에게 반항을 할 리 만무하다는 뜻입니다.

뭘 시켜도 사람이 일일이 할 일을 정해 주고 결과를 기다려야 하는 것. 더 빠르게 계산해 사람이 복잡하게 종이에 풀어야 할 계산을 대신해 주는 것. 사실상 사람 대신 숫자 계산을 바르게 하는 계산기. 결국 그것이 컴퓨터라는 물건의 정체입니다. 더 빨라지고, 더 안정성이 높아지고, 더 들고 다니기 좋아졌다고 해서 그 사실이 변하지는 않습니다.

컴퓨터, 인간을 압도하는 도구가 될 것인가?

컴퓨터에 대해 막연한 환상이나 오해가 있는 친구들이 많아 다소 장황하게 설명했습니다만, 그렇다고 해서 컴퓨터를 단순한 계산기로 치부해도 곤란합니다. 컴퓨터는 우리 인간에게 유용한 도구이고, 인간이 상상하기 힘든 속도로 계산해 주어 우리가 얻는 이점은 엄청나게 큽니다. 이 이점을 얼마나 잘 이용하느냐에 따라 미래 사회를 얼마나 더 현명하게 살아갈 수 있는지가 나뉠 것입니다.

요즘은 누구나 컴퓨터를 자연스럽게 배우기 때문에 이런 말을 쓰는 사람도 잘 없을 것 같지만, 제가 어릴 적만 해도 '컴맹'이라는 단어가 유행이었어요. 요즘 말로 '컴알못(컴퓨터를 알지 못하는 사람)'이라고 쓰면 되려나요. 여기서 컴알못이란 컴퓨터 부품을 사서 조립하거나 홈페이지를 만들 줄 아는 파워 유저를 말하는 게 아니라, 아예 컴퓨터를 사용할 줄조차 모르는 사람을 뜻합니다.

이런 사람은 이미 현대 사회에서 아무 일도 할 수가 없지요. 요즘은 어느 직장에 가도 자리에 컴퓨터가 있고, 모든 일을 그 컴퓨터로 처리합니다. 회계를 하건, 저처럼 글을 쓰건, 설계를 하건, 그림을 그리건 다 컴퓨터를 씁니다. 법정에서 변호를 하건, 사람을 치료하는 일을 하건, 모두 다 컴퓨터로 기록을 관리하고 일합니다. 현대 사회에서 컴퓨터를 쓰지 못하는 사람은 거의 없다고 보아도 무방하지요. 물론 전혀 쓸 줄 모르는 분들도 분명 계시겠지만, 사회에서 주도적으로 일을 하지는 않으실 확률이 매우 높습니다.

그렇다면 이 컴퓨터는 어떻게 만들어진 걸까요? 그래서 약간 복잡해질 수도 있지만 컴퓨터의 기본 구조와 원리 등을 잠깐만 짚어 볼까 합니다. 그 편이 '컴퓨터와 로봇, 인공지능이 만드는 새로운 미래'를 더 잘 이해하는 데 큰 도움이 되리라고 생각합니다.

'컴퓨터'라는 물건,
어쩌다 만들어졌을까?

매우 당연한 이야기지만 컴퓨터는 전기로 움직입니다. 전기가 없는 컴퓨터는 1초도 동작하지 못하지요. 항상 전선을 꼽고 써야 하고, 들고 다니는 노트북 컴퓨터는 배터리를 이용해서라도 전기를 공급받습니다. 키보드 없이 터치스크린으로 명령을 받고, 언제나 배터리로 전기를 공급받는 스마트폰이나 태블릿 PC도 사실 기본 구조는 한 대의 컴퓨터이지요.

컴퓨터에서 가장 중요한 부품은 크게 세 가지를 꼽습니다. 하나는 CPU(중앙처리장치)라는 계산 장치입니다. 또 다른 하나는 이 장치가 계산할 자료들을 보관하는 기억 장치인데, 흔히 램RAM이라고 부르지요. 하지만 전기가 꺼지면 기껏 계산해 놓은 자료가 다 사라질 테니, 이런 자료를 저장해 놓았다가 꺼내 쓰는 저장 장치도 필요합니다. 이것을 흔히 하드디스크HDD라고 부르지요.

요즘은 하드디스크 대신에 에스에스디SSD(솔리드 스테이트 드라이브)라는 것을 많이 쓰는데, 이것은 전자적으로 만든 신형 하드디스크라고 볼 수 있습니다. 이것도 하드디스크와 같은 기능을 하는 물건이지요. 다시 말해, 기억 장치는 내가 잠깐 책상에 종이를 펴놓고 메모를 적어 놓은 것, 저장 장치는 책에 제대로 글을 써서 책꽂이에 꽂아 놓은 것이라고 생각하면 편합니다.

여러분이 들고 다니는 스마트폰도, 노트북 컴퓨터도, 그리고 집에서 쓰는 책상용 컴퓨터(데스크톱 컴퓨터)도 모두 내부 구조는 이와 같이 다 똑같습니다.

폰 노이만, 컴퓨터의 구조를 완성하다

이러한 컴퓨터 구조는 헝가리 출신의 미국인 수학자 '폰 노이만 John von Neumann'이 처음 생각해낸 것으로 알려져 있습니다. 세상에 있는 컴퓨터는 거의 대부분 폰 노이만이 창안한 기본 구조를 따르고 있습니다. 이 방식에서 벗어난 컴퓨터를 여러분이 시중에서 볼 수 있는 확률은 단 0.1%도 없습니다. 일부 연구 목적의 특수 컴퓨터는 다른 구조로 만들 수 있겠지만, 그런 컴퓨터를 보려면 연구소 등을 방문해야 하겠지요. CPU와 RAM, HDD(또는 SSD)의 3가지 핵심 부품을 이용하는 컴퓨터나 스마트폰, 하다못해 카메라나 게임기까지, 최근 팔리는 스마트 전자 장치는 거의 폰노이만 구조를 지녔다고 보면 됩니다.

혼히 우리는 전 세계에서 컴퓨터를 가장 먼저 만든 사람으로 2차 세계대전 때 적군의 암호해독 기계를 만든 '앨런 튜링Alan Turing'이라고 알고 있습니다. 하지만, 컴퓨터를 만들기 위한 논리적 구조나 실험용 컴퓨터의 개발은 폰 노이만의 업적이라고 보는 편이 맞습니다.

우리가 바로 폰 노이만 구조의 삼총사지!

바꿔 말해, 우리는 컴퓨터를 최첨단 장비라고 인식하지만, 그 기본 구조나 원리는 이미 1900년 대에 나온 구닥다리 구조에서 별반 변한 것이 없답니다.

어쨌든 폰 노이만의 가장 큰 업적은 현재와 같은 컴퓨터 구조를 확립한 것이라고 할 만합니다. 그는 미국의 핵무기 개발 프로그램, 즉 '맨해튼 프로젝트'에 참여할 때 발표한 논문 〈전자 계산기의 이론 설계 서론〉에서 CPU, 메모리, 프로그램 구조를 갖는 '프로그램 내장 방식 컴퓨터'의 아이디어를 처음 제시하였습니다. 7년 후 1947년에는 케임브리지대학교의 의뢰로 세계 최초 컴퓨터 중 하나로 꼽히는 에드삭EDSAC을 제작하기도 했지요.

세계 최초의 컴퓨터로는 에드삭보다 1년 앞선 에니악ENIAC을 꼽습니다만, 구조나 동작 원리 면에서 에드삭이 더 최초의 컴퓨터에 가깝다고 보는 사람도 많답니다. 에드삭은 이후에 1952년 개발된 에드박EDVAC으로도 이어집니다. 이것이 최초로 소프트웨어, 즉 원하는 프로그램을 설치해 구동하는 컴퓨터로 알려져 있습니다. 사실 이 시기에는 컴퓨터의 원리가 밝혀진 이후 너나없이 컴퓨터와 비슷한 장치들을 개발하던 시기였으니 '어떤 것이 진짜 최초냐'를 놓고 의견이 분분한 것도 어찌 보면 당연하지요.

집채만 한 컴퓨터를 작게 만든 일등공신은?

어쨌든 이렇게 컴퓨터라는 물건이 세상에 태어나게 됩니다. 초창기에는 여러 대학이나 연구 기관에 하나둘씩 설치되기 시작했어요. 복잡한 계산을 척척 할 수 있다니까 많은 사람들이 공부나 연구를 하는 데 큰 도움이 됐지요.

초창기의 컴퓨터는 '진공관'이라는 걸 써서 만들었습니다. 컴퓨터 속에는 전기 회로가 들어가는데, 그걸 만들려면 일반 전선처럼 양쪽으로 전기가 흐르는 '도체'만 가지고는 불가능했지요. 전기가 한쪽 방향으로만 흐르거나, 혹은 원하는 때에 전기가 흐르는 방향을 마음대로 바꿀 수 있는 '반도체'가 꼭 필요했으니까요.

하지만 컴퓨터 개발 초기에는 작은 금속으로 반도체를 만들 기술력이 없었어요. 어쩔 수 없이 선택한 방법이 진공관이었습니다. 진공으로 만든 유리관 속에 금속을 넣고, 그 금속을 가열하는 겁니다. 이렇게 하면 금속이 유리관 속에 전자를 방출하게 되지요. 마치 백열전구랑 같은 원리입니다. 생긴 것도 거의 비슷하답니다. 아직도 오디오 장비 등을 만들 때 진공관을 사용하니 아마 보신 분들이 있을 것입니다.

이렇게 진공 속에 전기장이 방출되면, 내부에 들어 있는 두 개의 금속 사이에서 전기를 흐르게 만들 수 있습니다. 전기장의 세기에 따라 전류의 증폭, 정류 등의 특성을 조절할 수 있으니 전기가 흐르는 방향도 조종할 수 있게 되면서 현재의 반도체 역할을 할 수 있었지요. 이렇게 컴퓨터를 만들려 하니 엄청난 전기가 필요했습니다. 이에 따라 컴퓨터의 크기도 무척이나 컸습니다.

진공관은 백열전구와 사촌이다 보니 툭하면 망가지고 고장이 납니다. 전등의 수명이 다 하면 망가지는 것이랑 똑같지요. 그래서 수천 개가 넘는 진공관을 커다란 방에 설치해 놓고, 사람이 들어가 일일이 망가진 것을 갈아 끼우며 관리해야 컴퓨터로 계산할 수 있었습니다.

물론 사람들이 이렇게 불편한 기술을 계속 썼을 리 만무합니다. 과학자들이 연구를 지속해서, 비효율적인 진공관 대신 실리콘(규소)이나 게르마늄 같은 물질을 이용하면 반도체로 쓸 수 있다는 사실을 알아냈지요. 이 물질들을 아주 작게 가공해 여러 겹 겹쳐 연결하면 전기를 한쪽 방향으로만 흐르게 만들 수도 있고, 또 옆에서 전압을 걸 때는 도체, 아닐 경우엔 부도체가 될 수도 있다는 사실을 알아냈습니다. 결국 진공관과 똑같은 역할을 하는 부품, 즉 전기의 방향을 마음대로 조절할 수 있는 초소형 장치를 만들 수 있게 된 거지요.

이 반도체를 얼마나 더 작고, 더 정밀하게 만드느냐에 따라 컴퓨터 기술의 발전 판도가 달라집니다. 기술이 발전하면서 컴퓨터는 급속도로 작아지고 또 빨라지게 되었고, 이제는 과거 초대형 컴퓨터로 하던 일을 스마트폰으로 처리해내는 세상이 된 것이지요.

어쨌든 진공관으로 만든 컴퓨터가 생겨난 후, 10여 년 만에 사람들은 반도체 칩을 이용해 컴퓨터를 만들게 됩니다. 컴퓨터를 작게 만드는 작업에 눈독을 들인 사람들 중 일부는 '이 컴퓨터를 가정에서도 쓸 수 있다면 얼마나 편리할까'란 생각을 하게 됐지요.

잘 알려진 대로 그것을 실현한 사람이 스티브 잡스Steve Jobs입니다. 그는 최초의 대중적인 개인용 컴퓨터를 개발했지요. 스티브 잡스가 만든 '애플' 컴퓨터는 곧 여러 나라로 퍼져 나갔습니다. 한편 개인용 컴퓨터를 누구나 손쉽게 만들어 팔 수 있도록 범용 운영체제OS인 '윈도즈Windows'를 만들어 판 사람도 있습니다. 바로 빌 게이츠Bill Gates입니다. 이 두 천재가 세상에 미친 영향은 엄청납니다. 물론 그 두 사람이 없었어도 누군가는 컴퓨터 시스템을 발전시켜 나갔겠지요. 하지만, 그랬다면 지금 우리가 쓰는 컴퓨터 환경도 크게 달라졌을 것입니다.

모든 일의 영역으로 들어간 컴퓨터

컴퓨터가 보편적으로 쓰이면서, 이제 사람들은 두 가지 방법으로 컴퓨터의 성능을 높이려고 노력했답니다. 하나는 컴퓨터의 계산 속도를 더 빠르게 하는 것입니다. 더 성능이 뛰어난 CPU를 개발하려하고, 더 전송 속도가 빠른 메모리 장치, 더 많은 용량의 메모리 장치를 만들려고 노력했지요. 소위 하드웨어 기술을 발전시키려 한 것입니다.

하드웨어 기술의 발전은 많은 과학자와 연구자들이 새롭고 성능이 뛰어난 컴퓨터 장치를 만들어 주어야만 가능합니다. 이 분야 역시 굉장히 빠른 발전을 하고 있지요. 마이크로칩의 성능이 2년마다 2배로 늘어난다는 '무어의 법칙'이 생겨날 만큼 하드웨어는 눈이 부시게 발전하고 있습니다.

또 다른 하나는 빨라진 컴퓨터의 연산 기술을 다양한 분야에 이용하려는 노력입니다. '컴퓨터로는 사람이 할 수 없을 만큼 재빠른 계산을 할 수 있다. 그렇다면 이것을 이용해서 뭔가 다른 일을 할 수 없을까'를 생각한 거지요.

이 부분이 발전하면서 컴퓨터는 이제 얼핏 보기에 계산이라고 하기 어려운 일들까지 척척 처리하도록 만들어졌습니다. 컴퓨터 화면 속에서 위치를 계산하고, 그 좌표 위에 점을 찍고, 그 점의 색깔을 구분해 표시하기 시작했습니다. 이 기술은 결국 '컴퓨터 그래픽'으로 발전했습니다. 이제는 컴퓨터로 사진을 편집하거나, 화려하고 아름다운 그림을 그리는 것이 이상하지 않은 세상이 됐지요.

그뿐만 아닙니다. 컴퓨터에 스피커와 여러 악기를 연결해 소리의 크기, 높낮이를 조절하면서 작곡가들도 지금은 컴퓨터로 음악을 만들지요. 영상과 음악을 합쳐 영화를 편집하거나 만들기도 합니다.

하지만 아무리 복잡한 일을 할 수 있다 해도 컴퓨터로 하는 일은 모두 '계산'일 뿐입니다. 계산 기술의 응용, 그것이 결국 컴퓨터가 할 수 있는 일의 전부입니다.

'어떻게 하면 남들이 생각하지 못한 것들을 컴퓨터가 순서대로 계산하게 할 수 있을까?'

이 간단한 원칙을 놓고 전 세계의 수많은 컴퓨터 과학자들과 프로그래머들은 오늘도 치열하게 연구하고 있답니다.

손바닥 컴퓨터를 지나
이젠 '입는 컴퓨터' 시대

책상 위에 있는 컴퓨터와 손바닥 안에 든 스마트폰을 같은 원리의 기계로 생각하는 사람은 많지 않지요. IT전문가들이 쓴 글에서도 가끔 '컴퓨터는 사라지고 스마트폰 시대가 온다'는 식의 표현을 자주 봤던 것 같습니다. 대중의 이해를 돕기 위해 그렇게 쓴 것 같지만, 그만큼 많은 사람들이 스마트폰과 컴퓨터를 올바르게 구분하지 못한다는 반증이기도 합니다.

그런데 컴퓨터는 작아지면서 그 용도도 크게 변해 갔습니다. 대형 컴퓨터일 때는 학술용, 연구용으로만 쓰였는데 책상 위로 오면서 사무기기 역할을 하게 됐지요. 이 컴퓨터가 무릎 위Laptop(즉 노트북 컴퓨터)로 옮겨 오면서는 정말 무궁무진한 일을 할 수 있게 되었지요. 이제는 컴퓨터가 손바닥 위에서 정말로 다양한 일을 합니다. 음악을 연주하고, 영상을 보여 주고, 친구랑 메시지를 주고받고, 사진기나 캠코더 역할도 하지요.

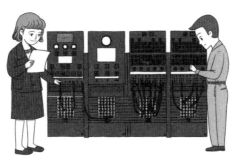

대형 컴퓨터를 이용해 연구하는 전문가들

책상 위 데스크톱으로
일하는 회사원

스마트폰을 들고
친구와 영상을 보는 학생들

컴퓨터의 크기가 점점 작아지면서 그 용도도 변해 갔다

혁명을 이끌다, 스마트폰

사실 스마트폰의 등장은 그 자체로도 혁명이라고 부를 만합니다. 컴퓨터를 언제 어디서나 쓸 수 있게 된 것만으로도 우리 삶은 크게 변했으니까요. 최초의 스마트폰으로 부를 만한 물건은 여러 종류가 있습니다. 하지만, 누구나 구입해서 쓰게 된 '혁명'을 처음 일으킨 곳은 역시 애플이 아닐까 합니다. 이밖에도 구글, 삼성 등 다양한 회사들이 스마트폰 기술을 연구하고 발전시키고 있지요.

최근 이 스마트폰 역시 계속해서 변화하고 있습니다. 저는 2024년 현재, 1년 전인 2023년에 출시된 갤럭시 S23 울트라를 시용하고 있는데, 2016년 7월에는 아이폰 6s를 들고 다녔습니다. 그리고 이 전화를 버리지 않고 지금도 가지고 있습니다. 그동안 사용했던 몇 대의 스마트폰도 마찬가지로 대부분 버리지 않고 가지고 있습니다. 아직 쓸모가 있으니 여러 가지 용도로 활용하고 있기 때문이지요. 예를 들어 '갤럭시 노트 8'은 아직도 성능이 좋아서 집에서 블루투스 스피커와 연결해 오디오로 사용하는 경우가 많습니다. 또 다른 스마트폰 한 대는 해외여행 때 가지고 나가곤 한답니다.

이렇게 그동안 사용하던 여러 대의 스마트폰을 나란히 놓아두고 비교해 보면 재미있는 사실을 꽤 알 수 있습니다. 처음에는 스마트폰을 단순히 '얇게 만들기 위해' 노력하던 시절이 있었습니다. 2010년 말 처음 아이폰 4를 샀을 때는 두께가 9.3mm이었으니까요. 하지만 아이폰 5에 들어서자 그 두께는 7.6mm로 25% 이상 얇아졌고, 아이폰 6는 7.1mm입니다. 2016년 당시 세계에서 가장 얇은 스마트폰은 중국 쿨패드라는 회사에서 출시한 이비 k1이라는 제품인데 두께가 겨우 4.7mm였습니다. 당시 어림잡아 생각해도 스마트폰은 매년 평균 1mm 이상씩 얇아졌지요.

하지만 이런 두께 경쟁은 곧 끝이 납니다. 그 이상 얇게 만드는 의미가 없어졌기 때문입니다. 더 다양한 기능을 부가하고, 더 사용성이 높은 기기로 만드는 편이 시장에서 더욱 살아남기에 유리할 테니까요. 그리고 제가 2018년 이 책을 처음 쓸 때 예측했던 대로, 접을 수 있는 '플랙시블' 형태의 미디어 단말기로 바뀌고 있습니다. 삼성전자의 '플립'이나 '폴드'와 같은 제품이 시장에서 큰 인기를 얻고 있지요. 지금 기술이라면 손가락만 한 스마트폰도 만들 수 있습니다. 실제로 그런 제품을 시험적으로 만들어 본 회사도 본 적이 있습니다. 하지만 그렇게 만드는 일은 거의 없습니다.

기능적으로는 스마트폰이 '통합 단말기' 형태로 바뀌고 있습니다. 개인 정보 단말기의 핵심 기기로서 역할을 하게 될 것입니다. 다양한 기기와 연결되고, 그런 기기들을 일괄해서 관리할 수 있는 통제 장치로서 의미가 커진다는 뜻입니다. 스마트워치, 무선 이어폰 등과 연결되는 것은 기본이고, 더 나아가 집안의 모든 전자 기기를 제어하는 장치로, 살아가는 데 필요한 다양한 서비스를 모두 손끝으로 해결할 수 있도록 만드는 종합정보 서비스 기기의 의미가 점점 커지고 있습니다. 가지고 다니기 불편할 정도로 크기가 커지면 안 되겠지만, 다양한 기능을 수행하기에 충분한 기능성을 부여하는 데 초점을 맞춰 나가고 있지요. 이 트렌드에 부응하기 위해 이미 전 세계 기업들이 사활을 걸고 있는 중이랍니다.

스마트폰 그다음은 뭘까?
웨어러블 기기의 습격

앞서 설명한 에니악, 에드박 같은 컴퓨터는 커다란 방 하나를 가득 메울 정도로 컸습니다. 이 크기가 점점 줄어들어 책상 위로 올라왔고, 그 덕분에 가정이나 사무실 환경에 컴퓨터가 들어올 수 있었지요. 그러다 더 작아져서 무릎 위로 올라왔고, 어딘가 걸터앉을 수만 있다면 이제 아무 곳에서나 컴퓨터로 일할 수 있게 됐습니다. 인터넷과 이동통신망이 발달하면서 결국 컴퓨터는 손안으로 들어오게 됩니다. 스마트폰이 등장한 것이지요. 이제는 버스나 지하철을 타고 다니면서도 각종 정보를 검색하고 답할 수 있는 세상이 된 겁니다.

이렇게 점점 작아지다 스마트폰 다음에는 어디로 가게 될까요. 먼 미래는 알 수 없지만 적어도 10~20년 이내에 대한 해답은 내놓을 수 있습니다.

사람에게는 시각과 후각, 촉각, 미각, 청각의 '5감'이 있습니다. 어느 것이 더 뛰어난 감각이라고 할 수는 없지만, 적어도 사람은 시각에 크게 의존하는 것이 사실입니다. 그러니 <u>차세대 컴퓨터는 점점 눈과 가까운 곳으로 올라올 거라는 것이 학계의 공통된 예측입니다. 방에서 책상, 무릎 위를 지나 지금은 손바닥 위에 있는 컴퓨터가 이제 손목과 안경 위로 올라오고 있는 것입니다.</u> 시계나 안경, 의복처럼 들고 다니는 게 아니라 이제 몸에 입는 스마트 장치가 되는 것이지요.

이미 손목 위의 컴퓨터는 현실이 됐습니다. 여러 회사에서 스마트 시계를 만들어 팔고 있으니까요. 첨단 기기의 대명사 애플도 '애플워치'를 만들었고, 우리나라 삼성전자에서도 스마트 시계 '갤럭시워치'를 판매하고 있습니다. 간단한 기능만 모아서 파는 '핏'이라는 제품도 인기지요.

이런 장치들을 흔히 '웨어러블 컴퓨터 Wearable Computer'라고 부른답니다. 워낙 작다 보니 이제는 '웨어러블 디바이스'라고도 부릅니다. 원래 디바이스 Device라는 말은 작은 전자 장치나 기계 장치라는 의미입니다. 제대로 된 컴퓨터 시스템에는 디바이스라는 말을 잘 쓰지 않지요. 스마트 손목시계 같은 장치는 그 나름대로 하나의 완성된

웨어러블 컴퓨터를 착용한 사람들

시스템이지만, 워낙 작고 개인용 컴퓨터 시스템의 보조 장치로 주로 쓰여 디바이스라고도 부릅니다.

실제로 손목에 올리는 정보 단말 기기가 나온 건 아주 오래전입니다. 1999년 삼성전자는 MP3 음악파일 재생 기능을 갖춘, 손목에 차는 휴대전화 '와치폰SPH-WP10'을 세계 최초로 출시해 각광받은 적이 있습니다.

하지만 이 기기는 제대로 시장에 유통되지 못했답니다. 마니아층을 대상으로 200여 대만 한정 판매됐을 뿐입니다. 많은 관심은 끌었지만 와치폰이 시장에서 성공하지 못한 이유는 한 가지였어요. 휴대성을 높이기 위해 조작성을 떨어뜨렸기 때문입니다. 팔꿈치를 하늘로 올려 손목을 귀에 댄 자세로 전화를 받거나 전용 이어폰을 연결해 받아야 했지요. 이렇게 사용이 불편하다 보니 결국 몇몇 마니아들에게 인기를 끌었을 뿐, 시장에서는 인기를 얻지 못했답니다. 이 시절의 기계들이 소프트웨어를 설치해 기능을 자유자재로 넣고 뺄 수 있는 '본격적인 컴퓨터 단계'에 도달하지 못한 것도 원인 중 하나겠지요.

하지만 지금은 컴퓨터 기술이 좋아지면서 스마트 시계도 큰 인기를 끌고 있습니다. 스마트 시계를 보면 분명히 손목에 차는 시계입니다. 하지만 슈퍼컴퓨터와 동작 원리가 똑같은 '컴퓨터'이기도 합니다. 그러니 이것으로 여러 일을 할 수 있습니다. 심박수도 재고, 날씨예보도 나오고, 그날 커피랑 물을 몇 잔이나 마셨는지도 셀 수 있습니다. 어떤 스마트 시계들은 손목을 귀에 대고 전화를 받을 수도 있습니다. 쉽게 말해서 스마트폰을 손목 위로 옮겨 놓은 기계입니다. 태엽이나 수정 진동자를 움직여 바늘을 움직이는 시계가 아니라, 버젓한 한 대의 컴퓨터인 거죠.

사실 스톱워치, 알람 등 다양한 기능을 가진 '전자 시계'는 이미 수십 년 전에 등장했습니다. 그래도 사람들은 스마트 기기에 열중합니다. 왜냐하면 수없이 많은 기능 중에 원하는 것을 마음대로 더하고 뺄 수 있기 때문입니다. 얼마든지 내가 원하는 목적으로 쓸 수 있죠.

마라톤 선수는 심장 박동 수를 잴 수 있고, 회사원은 중요한 일정을 손목에서 확인할 수 있습니다.

저도 이런 웨어러블 기기를 두어 종류 쓰고 있는데, 굉장히 편리하답니다. 하루에 얼마나 걸었는지도 알려 주고, 길도 알려 줍니다. 전화가 오면 손목에서 진동을 울려 주니 전화를 못 받아 곤란한 일도 없더군요. 이런 것을 만들어 준 사람들에게 고맙다고 인사라도 하고 싶을 정도랍니다.

만화 <드래곤볼>의 스카우터가
현실이 된다면?

그렇다며 미래에 이런 웨어러블 장치 중 어떤 것이 큰 인기를 끌게 될까요? 한 가지 확실한 것이 있는데, 바로 눈 위에 쓰는 안경 형태의 스마트 장비지요.

안경 형태의 디스플레이는 사실상 두 가지입니다. 그중 한 가지는 폐쇄형See Close이라고 한답니다. 얼굴에 쓰면 외부 빛이 들어오지 않는 대신, 어디서나 100인치가 넘는 초대형 화면으로 정보를 볼 수 있지요. 요즘 가상현실 장치라며 팔고 있는 장비들도 대부분 이런 폐쇄형 장치의 응용입니다. 스마트폰을 큰 고글 형태의 안경에 붙이고,

바로 눈앞의 화면에서 박진감 넘치는 영상을 보여 줍니다. 양쪽 눈의 시차를 이용해 현실과 구분이 잘 안 가는 멋진 입체 영상을 볼 수도 있게끔 만들었습니다. 게임, 영화 감상 등 영상 콘텐츠 분야에 강점이 있지요. 실제로 이 분야는 미디어 산업에 강한 기업 '소니'가 큰 관심을 갖고 연구하고 있답니다.

이 밖에 전용 폐쇄형 디스플레이 장치가 많이 개발돼 인기를 끌고 있습니다. 입체 게임 전용 장비인 '오큘러스 퀘스트'도 대단히 인기 있는 폐쇄형 디스플레이 장치이지요. 스마트폰과 연결하기만 하면 마치 가상현실 세계에 들어선 것과 같은 대단히 멋진 체험을 할 수 있습니다. 2023년 6월 애플이 새롭게 발표한 '비전프로'도 사실상 폐쇄형 장비에 들어갑니다. 가상현실VR은 물론 안경에 장착된 카메라를 이용해 증강현실AR 기능까지 실행할 수 있고, 사람의 손짓을 추적하는 기능까지 갖고 있습니다. 손짓으로 명령을 내리면 알아듣고 시행한다는 점이 놀랍지요. 화질도 대단히 뛰어나 많은 사람들이 큰 기대를 하고 있다는군요.

휴대형 단말기로 각광받고 있는 건 투과형See Through 형태입니다. 평소에는 투명한 안경처럼 쓰고 다니지만, 필요한 정보가 있으면 투명한 안경알 위로 두드러지게 표시해 줍니다. 오랜만에 만난 친구의 얼굴 옆으로 이름을 표시해 주는 식으로 쓸 수 있겠지요. 흔히 증강현실이라고 부르는 방법입니다.

여러분 혹시 《드래곤볼》이라는 만화책, 또는 만화 영화를 보신 적 있나요. 이 만화에는 힘과 무술 실력이 아주 뛰어난 외계인 종족들이 나옵니다. 그런데 이 사람들은 눈 위에 상대방의 전투력(?)을 알아볼 수 있고 서로 통신할 수 있는 기계 장치를 쓰고 다닙니다. 이런 장치를 만화에서는 '스카우터'라고 부르더군요.

만화 속 스카우터의 기능은 매우 대단해서 요즘 판매하는 첨단 스마트 기계 장치를 훌쩍 뛰어넘습니다. 눈앞에 있는 적의 전투력을 알 수 있고, 같은 기계를 가진 사람들끼리는 언어가 달라도 이야기를 주고받는 것이 가능합니다. 이렇게 눈앞에 있는 사물을 보고 즉시 정보

만화 '드래곤볼' 속 스카우터가 현실이 되어 간다

를 보여 주는 기능이 실제 현대 사회에서도 가능할까요?

쉽지는 않을 것 같습니다. 투명한 안경 위로 모니터처럼 글자나 그림이 그려지는 디스플레이 장치는 오래전부터 개발되었습니다. 하지만, 아직 쓸 만한 것이 나와 있지는 않답니다. 기존 투명 디스플레이는 빛 투과도가 15% 수준밖에 되지 않습니다. 선글라스를 쓴 것과 비슷하니 빛을 정면으로 바라볼 때나 제대로 화면을 볼 수 있습니다. 그러니 낮과 밤, 날씨 등에 지장을 받지 않고 투과도를 자동으로 조절하는 기술이 필요합니다. 손가락 두 마디 정도로 작은 안경알에 그런 기능을 넣기란 현재 기술로도 매우 어렵답니다. 하지만 수년 이상 연구를 계속한다면 분명 개발할 수 있는 기술이라고 봅니다.

여담이지만 스카우터 이야기가 드래곤볼에 처음 등장한 건 30년도 전입니다. 스마트폰이나 증강현실 같은 개념도 없던 시절입니다. 구형 1세대 휴대전화조차 없던 시절인 걸 생각하면, 드래곤볼 작가 토리야마 아키라의 상상력은 정말 천재적이라는 생각이 듭니다.

어쨌든 스카우터와 비슷한 형태의 웨어러블 안경이 실제로 세상에 나오기 시작했습니다. 대표적인 것이 세계적인 정보통신 기업 구글에서 2011년 시범적으로 개발한 '구글 글래스'라는 제품입니다. 아직은 스카우터처럼 안경알 속에 각종 정보를 그려 낼 디스플레이 기술이 상용화되지는 않았습니다. 그래서 구글 글래스는 안경 위쪽으로 사각 프리즘 형태의 작은 정보창을 붙여 주었지요. 필요할 때마다 위쪽을 힐끗 곁눈질하면서 각종 정보를 받아 볼 수 있답니다.

평소 쓰는 투명 렌즈 위에 여러 가지 영상을 투과해서 보여 주는 것으로, 스마트폰 초창기에 인기를 끈 증강현실 기능을 생각하면 이해가 더 쉽습니다. 이 구글 글래스는 시험적으로 만든 제품이라서 대대적으로 판매하지 않았습니다. 그러다 보니 이 제품을 100% 활용할 수 있는 소프트웨어 개발도 뒤따르지 못했습니다. 결국 구글도 후속 제품을 개발하고 판매하는 것을 중단한 상태입니다.

그러나 사람들이 편하게 쓰고 다니며 언제든 정보를 받아 볼 수 있는 스카우터 형태의 스마트 기기는 꾸준히 개발되어 갈 것입니다. 가까운 미래에는 안경형 웨어러블 기기를 포함한 각종 웨어러블 기기가 대세일 것이라고 많은 정보기술 전문가들이 예측합니다.

이는 역사적으로 살펴보아도 사실이 될 가능성이 높습니다. 커다란 컴퓨터는 점점 사람의 눈에 더 맞닿은 형태로 개발되어 왔습니다. 대형 컴퓨터가 책상 위로, 무릎 위로, 그리고 손바닥 위로 올라온 것도, 크기를 작게 하면서 점점 사람이 눈으로 바라보기 쉬운 쪽으로 진화해 온 셈이지요.

물론 그렇다고 스마트폰 자체가 사라질 거라고 보긴 어렵습니다. 가까운 미래에는 손으로 들고 다니는 고성능 정보 단말기(스마트폰)도 계속 발전해 나갈 것입니다. 그리고 눈 위에 써서 각종 정보를 받아 보는 안경형 정보 기기, 또 손목이나 의복에 착용하는 각종 웨어러블 컴퓨터도 그와 함께 발전해 나가겠지요. 예를 들어 달리기를 하면서 매일 심박수와 운동량을 계산하는 장치는 안경보다는 팔찌나 반지, 시계 형태가 편할 것입니다. 실제로 2024년 2월 현재 애플이나 삼성에서도 이런 '스마트 링(반지)' 출시를 준비 중이라고 하는군요. 이런 장비는 스포츠, 피트니스, 웰빙 분야에서 주로 쓰이겠지요. 이와 관련된 모바일 소프트웨어를 개발하는 것도 웨어러블 디바이스 시장의 주요 성장 동력이 되리라고 전망한답니다.

미래의 컴퓨터는
생활 속 어디에나 존재한다

손목시계형, 팔찌형 같은 웨어러블 기기는 대부분 이미 실용화하기에 충분한 기술을 갖고 있습니다. 투과형 안경을 가진 웨어러블 기기는 아직 실용화하려면 기술이 더욱 필요하지만, 폐쇄형 장비는 현재도 어느 정도 구현된 제품이 팔리고 있습니다. 앞으로 기술이 더 성숙되어야겠지만 웨어러블 기기는 이미 현실로 들어왔다고 해도 좋겠지요.

그렇다면 웨어러블 컴퓨터 이후의 세계는 어떻게 될까요. 사람이 손으로 조작하는 컴퓨터 기기의 크기는 웨어러블 컴퓨터에서 더 이상 작아지기는 어렵습니다. 물론 기술력이 발전해 더 작은 기기를 만들 수는 있을 것입니다. 하지만, 인간이 컴퓨터 장비를 통해 정보를 얻고, 또 조작하기 위해서는 최소한의 크기도 필요합니다.

사람의 눈에 잘 보이지 않을 정도로 작은 크기의 '멤스MEMS(초미세 기계)' 등을 개발하는 사람들도 있습니다. 하지만 이는 어디까지나 아주 작은 기계 장치를 만들어 의료, 환경 연구 같은 다양한 분야에 이용하기 위함입니다. 이것은 컴퓨터 사용 환경을 바꾸는 일과는 차이가 있습니다.

앞으로 컴퓨터 사용 환경은 더 다채롭게 변화할 것입니다. 이미 충분히 작아진 컴퓨터 장비는 이제 인간이 직접 조작할 필요가 없는 단계까지 들어서게 되니까요. 그렇게 된 컴퓨터 장치는 어떤 일을 하게 될까요?

손목에 차거나 얼굴에 쓰는 수준을 넘어서서, 이제는 몸속에 이식하는 장치도 등장하게 됩니다. 사람의 건강을 지켜 주고, 아픈 환자의 몸을 치료하는 데 쓰이겠지요. 사람의 몸속에 삽입하는 장치 중 이미 실용화되어 있는 것도 있습니다. 흔히 '베리칩'이라고 부르는 것입니다. '확인용 칩verification chip'의 약어인데, 무선 주파수 발생기인 RFID 칩의 일종이지요. 쌀알 크기 정도로 주사기를 통해 간단하게 인체에 주입할 수 있으며, 별도의 제거 수술을 받지 않는 한 몸속에 영원히 남는답니다. 이를 통해 신분증, 유전자 정보, 다양한 개인 정보를 몸속에 저장하고 다닐 수 있는 것이지요. 만약 병원에 갔을 때, 이 베리칩의 정보만 확인한다면 혈액형이 어떤 것인지, 어떤 의약품에 거부 반응이 있는 환자인지 단번에 알 수 있겠지요. 앞으로 이런 장치들이 점점 많이 등장할 것입니다.

또 앞으로는 사람이 직접 일일이 기계 장치를 조작하지 않는 세상이 올 것입니다. 인공지능이 모든 걸 알아서 해주니까요. 그러니 인공지능과 통신할 수 있는 다양한 통신 장치가 각종 기계 장치 속으로도 들어가게 될 것입니다. 이 모든 장치들은 서로 다양한 방식으로 연결돼 정보를 주고받게 됩니다. 로봇 기술에 컴퓨터 기술이 접목되면서, 로봇이 뛰어난 인공지능을 갖고 인간을 위해 봉사하는 세상이 열리겠지요.

컴퓨터라는 물건의 크기나 모습의 변화만 이야기했습니다만, 인터넷 세상이 열린 이후부터 컴퓨터를 생각할 때 빼놓지 말아야 하는 것이 하나 있습니다. 바로 기계와 기계 사이에서 쓰이는 다양한 통신 기술입니다. 과거에는 한 개의 컴퓨터 장치에 소프트웨어를 설치하고, 그 컴퓨터의 기능만 제어하면 됐습니다. 하지만 컴퓨터가 지속적으로 발전하며 이제는 청소기나 안경, 자동차 같이 지금까지 도저히 컴퓨터라고 생각하지 못한 물건에조차 컴퓨터 기능이 들어가게 됩니다.

이런 장치들은 홀로 움직이기보다는 서로 연결되어 맡은 일을 처리하도록 하는 편이 효과적이지요. 공장에서 일하는 로봇 수백 대는

일사불란하게 맡은 일을 합니다. 하늘을 날아다니는 많은 드론, 운전자가 필요 없는 자율주행 자동차 등도 인공지능과 통신 기술로 연결된 수많은 컴퓨터 장치의 지배를 받아 현실 속에서 움직이게 되겠지요. 집에서는 컵이나 소파, 침대, TV 같이 전혀 컴퓨터가 아니었던 물건들도 하나하나 네트워크로 연결되는 날이 옵니다. 우리 인류가 살아갈 삶의 모습은, 분명 지금의 삶과 크게 달라지겠지요.

앞으로 다가올 새로운 컴퓨터 세상, 이른바 4차 산업혁명 시대의 미래는 과연 어떻게 바뀌어 갈까요. 세상은 어떻게 변해 가고, 우리는 그런 미래에 대비해 어떤 노력을 해야 할까요. 다음 장에서 그 이야기를 차근차근 해볼까 합니다.

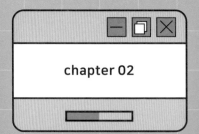

chapter 02

다가오는 미래 시대,
'인공지능'에 담긴 허상을
파헤치다

우리가 실제로 접하게 될
인공지능의 허와 실

'사람처럼 생각하는 컴퓨터'가 현실에 등장하게 될까?

많은 사람들이 '인공지능' 하면 가장 먼저 떠올리는 영화가 아마도 '터미네이터'가 아닐까 합니다. 사람처럼 지능을 갖게 된 컴퓨터가 인간에게 반항하고, 그 결과 인간과 기계들이 서로 전쟁을 벌인다는 내용의 영화지요. 이 영화는 크게 흥행하여 속편이 여러 편 제작되었습니다. 회를 거듭할수록 기계와 인간의 구분이 모호해지는 등 철학적인 내용을 담아내며 스토리도 많이 복잡해졌지요. 개인적인 생각이지만 터미네이터의 최근 속편들은 이전 시리즈만큼 재미있지는 않은 것 같습니다. 예전 영화들은 기계가 인간에게 반항하며 생기는 암울한 사회 모습을 여과 없이 그려 내 '미래 사회에 이런 일이 생긴다면 어떻게 하지?'란 두려움을 더욱 생생히 느낄 수 있었지요.

사실 비슷한 설정의 영화들도 꽤 많았습니다. 사람처럼 생각할 수 있는 인공지능이 인간을 보호 관찰하려고 드는 영화 '아이, 로봇', 뛰어난 인공지능 로봇이 자신의 주인인 남자를 살해하고 갇혀 있던 연구실에서 탈출하는 영화 '엑스 마키나', 고성능 슈퍼컴퓨터가 세상을 지배하고, 가상현실을 이용해 인간을 가축처럼 사육하는 영화 '매트릭스'도 빼놓을 수 없지요.

이처럼 수많은 영화가 '인공지능은 인간을 공격한다'는 메시지를 담아냅니다. 인공지능이 점점 발전하면서 세상을 디스토피아로 만들 거

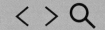

라는 주장이지요. 디스토피아란 유토피아의 반대말입니다. 유토피아가 가장 살기 좋은 이상향을 뜻하는 것처럼, 디스토피아는 가장 부정적인 암흑세계라는 이미지가 있습니다. 이렇게 영화나 만화 등에 끊임없이 이런 내용이 등장하니 사람들은 '인공지능을 개발해선 안 된다', '인공지능은 위험하다'며 불안해하는 심정이 늘어날 법도 합니다. 그런데 차근차근 생각해 보면 어떨까요? 인공지능은 정말로 위험할까요? 인공지능은 말 그대로 '사람이 만든 지능'을 말합니다. 쉽게 말해 어떤 기계 장치가 사람처럼 생각하고 스스로를 인지하는 '자아'를 갖게 만들었다는 뜻입니다. 많은 사람들이 너나없이 "인공지능을 연구한다." 혹은 "인공지능 기술의 발전이 빠르다."는 말을 합니다. 그러다 보니 우리는 은연중에 이 세상에 이미 사람처럼 생각하는 '인공지능'이 실재한다고 여기는 것 같습니다. 그런데 그 말은 사실일까요? 세상에 진짜 사람 같은 '인공지능'이 있기는 한 걸까요?

그럴 때마다 저는 없다는 쪽에 서지만, 이런 말을 하면 "수많은 사람들이 인공지능을 연구하고 있고, 많은 인공지능 프로그램들이 세상에 나오고 있는데 도대체 무슨 소리냐?"라고 반론하는 분도 계십니다. 과연 어느 쪽이 옳은 말일까요?

talk 2

컴퓨터 기술의 발전 ≠ 지능의 탄생

여러분 혹시 2015년 개봉한 '채피'라는 영화를 보신 적이 있나요? 이 영화에는 사람처럼 생각하는 로봇이 주인공으로 등장합니다. 낯선 존재에 대해 두려움을 느끼고, 죽음을 두려워하고, 스스로 살기 위해 노력하는 존재로 그려지지요. 이 로봇은 결국 살기 위해 갈등하다가 자신의 정신(?)을 뽑아내 다른 로봇의 몸으로 옮겨 넣을 방법을 찾아냅니다. 또 로봇 채피를 만들어 낸 과학자가 죽을 위기에 처하자, 그의 머리에서 정신만 뽑아내 다른 로봇에 집어넣는 장면도 나옵니다. 사람의 의식마저 뽑아내 로봇에게 옮길 수 있게 된다면, 결국 인간과 로봇의 구분은 사라지는 것이 아니냐는 게 이 영화에서 하고

자 하는 이야기 같습니다.

이렇게 로봇이나 컴퓨터가 어느 순간 '자아'를 갖는 설정은 영화나 드라마, 소설, 만화에 자주 등장하는 단골 소재입니다. 반세기도 더 전인 1968년에 나온 영화 '2001 스페이스 오디세이'에도 사람처럼 생각하는 컴퓨터 HAL 9000이 반란을 일으키는 장면이 나왔답니다.

인간에게 반항하는 컴퓨터를 그린 이야기는, 사실 세상에 컴퓨터 라는 물건이 생겨나면서 끊임없이 되풀이된 스토리 중 하나입니다. 인간은 좋은 컴퓨터 시스템을 만들려고 했는데, 생각지도 못하게 자 의식을 가진 컴퓨터가 인간에 반항하면서 생기는 암울한 미래를 그 려 내지요. 영화에서는 그럴 듯한 내용을 위해 어떤 계기가 항상 등 장합니다. 채피에서는 개발자가 채피의 인공지능을 프로그램으로 짜서 새롭게 집어넣는 장면이 나오고, 2014년 개봉한 영화 '트랜센 던스'에서는 슈퍼컴퓨터에 과학자 윌의 뇌를 통째로 업로드하는 모 습이 나옵니다.

이런 이야기는 '컴퓨터의 성능은 계속 좋아지고 있다. 더 좋아지 다 보면 어느 날 작은 계기만 생긴다면 기계가 갑자기 사람처럼 지 능이 생겨나서 생각할 수 있을지 모른다'는 매우 단순한 생각에서 출발합니다. 이런 것을 학계 용어로 전문가들은 흔히 '지능의 창발 emergence'이라고 부르더군요.

지능의 창발, 인간 같은 로봇이 나타날까?

　지능의 창발이 실제로 가능한지 알아보기 위해 잠깐 영화에서 나와 현실 세계로 들어와 봅시다. 컴퓨터 시스템이 점점 좋아진다면, 그래서 여기에 적당한 컴퓨터 프로그램만 딱 짜서 넣는다면, 어느 순간 컴퓨터가 사람처럼 생각하고 갈등하는 존재로 바뀔 수 있을까 하는 겁니다.

　사실 이런 이야기는 조금만 깊게 생각해 보면 전혀 말이 되지 않는 걸 알 수 있습니다. 사람을 비롯한 고등 동물이 지능을 지닌 이유는,

청소만 하다가 　　　 날씨도 알려 주더니 　　　 어느 날 지능이!

태어날 때부터 그렇게 만들어진 시스템을 지녔기 때문입니다. 즉 인간과 고등 동물은 두뇌와 신경 시스템을 갖고 있기 때문이지요. 아직 인간은 이 비밀에 대해 알지 못합니다. 이 시스템의 비밀을 풀지 않는 한 같은 시스템을 만들 수 없지요.

자동차가 성능이 아무리 좋아져도 배처럼 물 위를 떠다닐 수는 없습니다. 마찬가지로, 처음부터 연산 장치로 만들어진 컴퓨터 시스템의 성능이 아무리 좋아진다고 해도 사람 같은 진짜 지능이 어느 날 갑자기 '짠' 하고 태어날 수는 없는 일입니다.

그렇다면 요즘 세상 사람들이 흔히 인공지능을 탑재했다고 말하는 수많은 발명품은 뭘까요. 세상에는 인공지능이라고 부르는 많은 '종류'의 프로그램들이 있습니다. 그중에 사람처럼 진짜로 생각하는 인공지능은 여전히 존재하지 않지요. 엄밀하게 구분하면 그것들은 사람들이 정해 준 환경에서 마치 '지능이 있는 것처럼' 움직이는 정교화된 자동화 기술이라고 이해하시면 편할 것입니다.

아마 30년도 더 전일 겁니다. 1990년대 초반에 우리나라의 여러 가지 전자 제품에 '뉴로퍼지'라는 스티커를 붙여서 팔았던 시절이 있었답니다. 세탁기나 선풍기 같은 간단한 기능을 가진 전자 제품이 스스로 상황을 파악하고 동작하게 만들어 놓고 '인공지능'이라는 수식어를 가져다 붙였던 거지요. 자세한 동작 원리야 그 당시 전자 제품을 만들어 팔았던 회사들이 알고 있겠지만, 원리는 매우 간단합니다.

예를 들어 세탁기의 경우 무게와 진동을 잴 수 있는 센서를 달아 준 다음, 세탁기 내부에 있는 세탁조를 몇 차례 흔들어 보는 정도로도 꽤 많은 정보를 얻을 수 있겠지요. 이 정보를 바탕으로 빨래를 어떤 코스로 할 것인지 자동으로 선택합니다. 옷감이 묵직한 옷이라면 세탁 시간을 길게 잡고, 폭신폭신한 옷이면 미지근한 물로 빨도록 만드는 식입니다. 쉽게 말해 '이럴 때는 이렇게 움직여라.'라고 동작 순서를 모두 정해 주는 것이지요. 초보적인 방식의 '인공지능'은 이렇게 사람이 모든 동작 순서를 정해 주었습니다.

물론 이런 기술도 점점 좋아지고 있습니다. 요즘 인공지능이라고 불리는 기술들은 분명 과거에 비해 굉장한 발전을 했답니다. 이제는 컴퓨터 스스로 다양한 상황을 판단하고, 어떤 판단을 해야 가장 유리할지, 그 조건을 과거의 경험에 비추어 스스로 만들도록 하는 수준에 도달했지요.

이런 고성능 자동화 기능을 설계하던 사람들이 수십 년 전에 기초적인 자동화 기능을 인공지능이라고 불렀다는 사실을 되새겨 보면, 헛웃음이 나올 것입니다.

하지만 다시 30년 후를 생각해 봅시다. 지금 거창하게 '인공지능'이라는 수식어를 달고 있는 프로그램을 미래의 전문가들이 보면 어떻게 생각할까요. 과연 그 기술에 대해 진정한 인공지능이라고 인정해 줄까요? 현재 수많은 과학자들이 만든 기술은 정말 인공지능일까요? 30년 후에도 과연 그렇게 부를 사람은 있을까요? 이제부터 '그 구분'에 대해 생각해 볼까 합니다.

인공지능에도 종류가 있다

사람(또는 고등 동물)의 지적 활동을 나타내는 '지능'에 딱 부러지는 구분은 없습니다. 어떤 사람은 암기력이 뛰어나고, 어떤 사람은 계산 능력이 뛰어나지요. 어떤 사람은 적은 정보로 상황을 빠르게 판단하는 직관력이 뛰어납니다. 어떤 사람은 다른 사람과의 공감 능력이 뛰어납니다. 또 상상력이 뛰어나서 세상에 있지도 않은 허구의 이야기를 그럴 듯하게 잘 만들어 내는 사람도 많답니다. 이런 모든 인간의 지적 활동을 포괄한 말이 바로 '지능'입니다.

강한 인공지능과 약한 인공지능

사람의 지능은 그렇게 정의할 수 있을 텐데, 인공지능은 어떻게 정의하면 좋을까요? 사실 이렇게 사람만이 가진 능력 대부분을 고도로 흉내 낼 수 있다면, 한마디로 진짜로 사람처럼 생각할 수 있는 컴퓨터가 태어날 수 있다면, 그리고 그런 컴퓨터 시스템을 장착한 기계 장치만을 '진짜 인공지능을 가지고 있다'고 부른다면 아무런 문제가 없겠지요?

그런데 아쉽게도 기술이 그렇게 완전하지 않습니다. 이미 세상 사람들은 그렇지 못한, 인간 지능의 일부분만 흉내 낸 기능도 인공지능이라고 부르고, 그런 프로그램들이 세상 곳곳에서 너무나 많이 쓰이고 있습니다. 그러니 인공지능이라는 말을 듣고 '사람처럼 생각을 하나 보다' 하고 착각하는 경우는 없도록 노력해야겠다는 생각을 하고는 합니다.

그 구분을 명확히 하기 위해 학자들도 노력을 하고 있지요. 그래서 이제 사람들은 이 두 가지를 학술적으로 구분하는 기준을 만들었습니다. 사람이나 학회에 따라 인공지능을 구분하는 기준도, 정의도 조금씩 다르다 보니 최소한의 기준이 필요해진 것입니다.

이런 기준을 구분하는 기준은 한 가지입니다. 사람처럼 스스로 자아를 가지고 주체적으로 생각하느냐, 아니면 주어진 조건에 따라 자동적으로 반응하고 계산하느냐로 나눕니다. 즉, 핵심 기준은 '컴퓨터가 자신의 존재를 스스로 인식할 수 있는가' 입니다. 이 말은 자기 자신에 대한 의식이나 관념, 즉 자아를 지녔는지를 보는 겁니다.

이것이 가능하다면 '강한 인공지능strong AI'이라고 구분합니다. 자아가 있어야 사람이 어떤 명령을 내리면 그 명령이 타당한지, 자신의 안전이나 평소 주관과 관계 있는지를 스스로 따져 보고 명령에 따를지 결정할 수 있기 때문입니다. 즉 강한 인공지능의 특징은 '나는 로봇이구나'라고 생각할 수 있는 자의식인 셈이지요.

만약 과학적으로 자의식을 가진 컴퓨터를 만들 수 있다면, 곧 강한

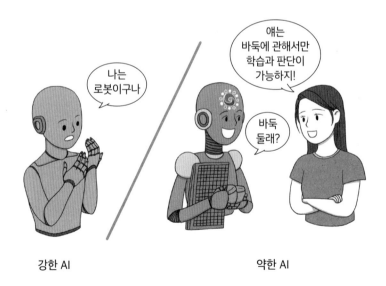

강한 AI   약한 AI

인공지능이 개발될 가능성도 커진다는 의미가 됩니다. 수많은 영화에 나오는, 인간을 공격하는 무시무시한 인공지능은 모두 강한 인공지능으로 구분할 수 있습니다.

그런데 이런 인공지능은 단 한 종류도 세상에 등장한 적이 없습니다. 많은 사람들이 그 비밀을 풀기 위해 연구하지만, 언제 그 실마리가 풀릴지조차 알기 어렵답니다. 앞서 말씀드린 것처럼, 아직 우리 인류는, 인간이라는 동물이 어떤 원리로 지능을 지니는지조차 명확하게 모르기 때문입니다. 아기는 태어나 점차 성인이 되면서 지능이 높아집니다. 지능이 좋아지는 것도 나이에 따라 다른데, 비교적 젊은 시절에는 계산 능력, 기억력 등이 높아지고, 중년 이후에는 상황을 비교하고 분석해 결론을 내리는 판단력, 예측력 등이 좋아집니다. 그 과학적인 이유는 뭘까요?

이걸 명백하게 알고 있는 사람은 없습니다. 인간이 다른 동물과 비교해 월등히 지능이 높은 과학적인 이유를 완전하게 분석해 낼 수 있는 사람은 2024년 현재, 단언컨대 전 인류를 통틀어 한 사람도 없답니다.

물론 일부 유전적 원인, 뇌세포의 숫자 등으로 답을 찾으려는 노력을 많이 하고 있습니다. 하지만, 아직 진정한 답을 낸 사람이 없는 것이 현실입니다. 인간 스스로도 지능이 생겨난 이유와 원리를 알지 못하는데, 그것을 흉내 내 인공적으로 지능을 만든다는 말은 논리적으로 앞뒤가 맞지 않습니다. 하물며 연산 장치로 만든 폰 노이만 구조의 일반 컴퓨터가 성능이 높아지거나, 혹은 독특한 소프트웨어를 설치하는 것만으로 인간처럼 지능을 가지리라는 설정은 만화나 영화에서나 가능할 뿐입니다.

그렇다면 요즘 많은 사람들이 인공지능이라고 부르는 것들은 뭘까요? 강한 인공지능이 상상 속에만 존재하는 '진짜' 인공지능이라면, 요즘 너도나도 '인공지능 기법을 도입했다'고 자랑하는 것은 '약한 인공지능weak AI'이라고 구분합니다. 쉽게 말해, 현재 세상에서 인공지능이라고 부르는 것들은 모두 빠짐없이 약한 인공지능이라고 구분해도 무리가 없습니다.

참고로 이 약한 인공지능에는 다시 두 종류가 있는데, 앞서 설명한 30년여 전 세탁기나 선풍기처럼 사람이 일일이 동작 순서를 지정해 주고 거기에 따라서 움직이는 방식을 '기호주의 인공지능'이라고 부릅니다. 요즘은 이 방식만으로 개발한 프로그램에는 거의 인공지능이라는 수식어를 붙이지 않습니다. 사실상 컴퓨터를 개발하는 사람은 누구나 사용하는 기초적인 코딩 기법에 해당하기 때문입니다.

그리고 스스로 학습 기능을 갖추고, 감각적인 판단을 할 수 있는 인공지능을 '연결주의 인공지능'이라고 하며, 최근 주목받고 있는 최신형 인공지능입니다. 요즘에는 이 경우만을 콕 찍어 인공지능이라고 부르는 일이 많습니다. 따라서 인공지능이라는 말을 들으면 전후

문맥을 살펴 말하는 사람이 어디까지를 인공지능으로 인정하고 있는지를 먼저 이해해야 합니다.

이 약한 인공지능은 당연히 사람과 똑같은 지능을 갖고 있지 못하지요. 어떤 문제를 실제로 생각할 수가 없습니다. 하지만 사람 입장에서 봤을 때 어떤 일을 알아서 척척 하는 것처럼 보입니다. 사람의 지능을 현재 있는 컴퓨터 시스템으로 어떻게든 흉내를 내려고 만든 것이니까요. 하지만 실제로는 사람이 하는 여러 일들 중 매우 일부분만 할 수 있답니다.

이미 약한 인공지능 기술은 곳곳에서 쓰이고 있습니다. 여러분이 쓰는 스마트폰에 든 음성 인식 시스템, 자동차에 달린 내비게이션 기능, 고성능 가전 기기, 가정용 로봇청소기 등 최신형 기계 장치에는 거의 대부분 인공지능 기술이 도입되고 있다고 보아도 무방합니다.

약한 인공지능, 그중에서도 연결주의 인공지능 중에서 가장 유명한 것 중 하나가 '구글 딥마인드'라는 회사에서 개발한 '알파고 AlphaGo'입니다. 알파고는 바둑을 둘 수 있는 인공지능으로, 우리나라 바둑계 챔피언 이세돌 9단과 시합해서 이기고, 중국의 바둑 세계 챔피언 커제 9단에게도 승리해 전 세계적으로 유명해진 프로그램이지요. 그리고 사람과 대화를 할 수 있으며 다양한 질문에 답을 할 수 있도록 만들어진 '챗GPT chatGPT' 같은 프로그램도 대단히 유명합니다. 챗GPT는 미국의 인공지능 개발사 오픈AI OpenAI가 개발했습니다. 복잡한 프로그램을 입력하지 않고 누구나 채팅하듯 인공지능을 사용할 수 있도록 만들어져 대단한 인기를 얻고 있습니다.

알파고나 챗GPT 같은 고성능 프로그램에 관해서는 그 원리와 작동 방식 등에 대해 다음 장에서 다시 설명해 볼까 합니다. 다만, 여기서 말씀드리고 싶은 건 알파고나 챗GPT가 왜 사람처럼 판단을 하고 일을 할 수 있느냐 하는 점입니다.

알파고는 바둑을 빠르게 배우고, 그 속에서 답을 찾아 새로운 수를 찾아내는 능력만큼은 인간 이상의 지능을 지녔다고 볼 수 있지요. 이런 일을 하기 위해서는 기초적이지만 자동화된 프로그램을 스스로 만들어 내는 기술이 필요합니다. 이 기술을 '딥러닝, 머신러닝' 등으로 부릅니다. 현재까지 나온 인공지능 기술 중 가장 수준 높은 것으로 꼽히지요.

하지만 이런 고성능 인공지능조차 자신이 뭘 하고 있는지 깨닫지 못합니다. 사람이 시킨 것을, 사람이 정해 놓은 규칙에 따라 '계산'할 뿐이지요.

분석 인공지능과 생성 인공지능의 차이점

약한 인공지능 중에서 연결주의 인공지능은 다시 두 종류로 나눌 수 있습니다. 바로 '분석 인공지능'과 '생성 인공지능(생성 AI)'입니다.

첫 번째 분석 인공지능입니다. 사람이 해야 할 '어떤 일'을 대신해 내도록 만드는 데 주력한 것이지요. 이 과정에서 주로 사용하는 기술이 '분석'입니다. 이 인공지능은 학습한 데이터를 활용해 소리나 글자, 영상을 분석해 결과물을 빠르게 내는 용도로 사용하지요. 이것만으로도 과거에 기호주의 방식만으로는 개발하기 어려웠던 다양한 서비스를 해낼 수 있습니다.

이렇게 개발된 연결주의 인공지능은 주로 '분석'이 목적이랍니다. 예를 들어 교통 관제소에서 CCTV 영상을 인공지능으로 분석하면 교통량이나 위험 상황을 빠르게 파악하는 일이 가능해집니다. 제조 공장에서는 생산품의 불량 여부를 인공지능으로 판별할 수 있게 되었습니다.

일상생활 속 로봇이 이런 판단 기능을 갖게 된다면 세상은 크게 바뀌게 됩니다. 지금까지 식당에 가면 당연히 가게에서 일하는 직원이 음식을 가져다줘야 했습니다. 하지만 요즘은 인공지능이 장착된 로봇이 가져다주는 경우가 꽤 있습니다. 인공지능이 매장 안의 상황을 분석하고 판단할 수 있게 되면서, 과거에는 기계로 할 수 없었던 음식 서빙이 이제는 가능해진 것입니다.

그런데 최근 주목받고 있는 생성 인공지능은 조금 특별합니다. 인공지능의 '판단력'을 빌려서 개발한 기능이라는 것은 틀림없습니다만, 그 능력을 '창작 활동'에 이용할 수 있습니다. 예를 들어 사람이 인공지능에게 '어떤 것을 만들어 달라'고 요구하면 그 요구에 맞춰서 결과를 만들어 주는 기능입니다. 이런 것을 우리는 '생성 인공지능', 혹은 '생성형 인공지능'이라고 부른답니다. 영어로는 '제너레이티브 인공지능generative AI'이라고 부르지요. 연결형 인공지능의 학습 기능을 이용해, 학습한 데이터를 토대로 기존에 없던 새로운 결과물을 만들어 내는 기술입니다. 생성 인공지능이 등장함에 따라 산업 기술 등 여러 분야에서 많이 사용하는 기존의 연결형 인공지능은 '분석 인공지능'이라고 부르게 된 것이지요. 이런 생성 인공지능은 산업의 흐름을 바꾼 새로운 기술로 평가된답니다.

유명한 챗GPT도 생성 인공지능의 한 종류입니다. 문장 생성, 즉 글짓기가 가능한 인공지능인 셈이지요. 챗GPT는 채팅을 기반으로 동작하기 때문에 '뭔가 질문을 하면 척척 대답을 하는 만능 응답기' 정도로 생각하는 친구들이 있습니다. 하지만 사실은 사람 대신 글짓기를 해주는 인공지능, 즉 '문장 생성기'라고 생각하는 것이 더 정확한 의미입니다. 그러니 딱 부러지는 정답이 필요한 질문을 챗GPT에게 물어보면 엉뚱한 답을 내놓는 경우가 많이 있지요. 이것 때문에 챗GPT가 오류가 많다고 걱정하는 사람들이 있는데, 생성 인공지능의 특징을 전혀 이해하지 못하는 데서 나온 이야기일 뿐입니다. 챗GPT는 어디까지나 그 질문에 어울리는 '문장'을 생성하는 데 집중

하고 있을 뿐이니 말입니다. 이런 특징을 알면 챗GPT를 어떻게 활용해야 좋을지 알 수 있겠지요. 정확한 정보를 주고, 거기에 맞게 글을 지어 달라고 요구한다면 챗GPT는 대단히 쓸모 있는 도구가 될 수 있습니다.

생성 인공지능으로 문장 생성만 가능한 것은 아닙니다. 생성 인공지능도 다양한 종류가 있으니까요. 원한다면 그림도 그릴 수 있습니다. 사용자가 입력한 명령어를 이해해 필요한 이미지를 생성해 내는 '이미지 생성 인공지능'은 이미 여러 곳에서 쓰이고 있지요. "체스를 하는 고양이"라는 텍스트를 입력하면 인공지능이 이와 관련된 이미지를 여러 개 만들어 내는 식입니다. 이런 이미지 생성 인공지능으로는 오픈AI가 출시한 '달리Dall-E', 미국 항공우주국NASA 엔지니어 출신인 데이비드 홀츠가 개발한 '미드저니Midjourney'가 유명합니다.

음악을 만드는 인공지능도 존재합니다. 작곡 인공지능이라고 부르죠. 아직 제한적이지만 동영상, 즉 영화를 만드는 인공지능도 존재합니다. 기술은 점점 더 발전하고 있으니, 적어도 수년 이내에 몇 가지 키워드만 입력하면 그럴듯한 영화 한 편을 뚝딱 만들어 주는 인공지능도 등장할 것으로 보입니다. 앞으로 마케팅, 게임 디자인, 웹 디자인, 인테리어 디자인 등 다양한 분야에서 이것을 사용하지 않을 이유가 없게 될 것입니다. 세상은 이렇게 빠른 속도로 변하고 있답니다.

생성 인공지능에 대한 오해와 진실

사람 대신 다양한 창작 활동을 해줄 수 있는 생성 인공지능이 널리 쓰이면서 많은 사람들이 혼란을 겪고 있는 듯합니다. 이런 생성 인공지능을 보편적으로 쓰게 되면 많은 사람들이 글을 쓰거나 그림을 그리는 일을 하는 사람들, 이른바 '작가'들이 할 일이 없어지는 것이 아니냐고 생각하는 것 같습니다.

이 말은 어느 정도 사실처럼 여겨지기도 합니다. 우선 작곡가의 영역은 거의 AI로 대체 가능한 세상이 되었습니다. 2020년 10월 AI가 작곡한 노래로 데뷔하는 가수가 세계 최초로 한국에서 탄생했습니다. 광주과학기술원GIST 안창욱 AI 대학원 교수 연구팀이 개발한 AI 작곡가 '이봄EvoM'이 만든 곡을 받아 신인 가수 하연이 데뷔했다고 하더군요. 이봄은 '진화 음악Evolutionary Music'이란 뜻이 담긴 이름을 가진 AI 작곡가이며, 하연은 걸그룹 소녀시대 멤버로 활동하고 있는 가수 태연의 동생이라고 합니다.

사실 이런 사례는 적지 않게 있었습니다. 다만 이 사례는 세계 최초로 신인 가수가 AI에게 곡을 받아 데뷔한 사례라서 주목을 끌었지요. 하연의 데뷔곡 '아이즈 온 유Eyes on you'를 들은 코너 돌턴은 "올해 들어 본 곡 중 가장 귀에 꽂히는 음악"이라는 찬사를 보낸 바 있습니다. 코너 돌턴은 다프트 펑크 등 외국 유명 뮤지션의 음반 작업에 참여한, 매우 영향력 있는 프로듀서로 알려져 있습니다.

상황이 이렇다 보니 AI 프로그램을 이용해 음악을 빠른 시간 안에 작곡해 주는 회사까지 등장했답니다. 한 회사는 힙합, 재즈, 명상 음악 같은 음악 장르가 지닌 정형화된 규칙을 분석하고 학습해 짧게는 3분, 길게는 10분 안에 곡 하나를 뚝딱 만들어 냅니다. 기존 AI 작곡은 같은 음을 반복하거나 조악한 수준인데 비해, 요즘에는 AI의 수준이 높아지면서 작곡 이후 편곡, 믹싱, 마스터링 등 전 과정을 자동화해 곡의 질이 높아졌답니다.

비단 작곡 분야만이 아니지요. 잘 알려진 챗GPT는 대화형 문장 생성 인공지능인데, 일부 문장 생성 인공지능은 소설에 특화되어 있습니다. 인간 소설가가 줄거리를 정해 주면 인공지능은 거기 맞춰 소설을 쓰기도 합니다. 이런 경우 인간은 소설을 연출한 '감독'이라고 부른다고 하더군요.

그림의 경우는 이미 사진과 거의 구분이 가지 않는 이미지들이 인터넷에 엄청나게 공개되고 있어서 여러분도 많이 보았을 거라고 생각됩니다. 화가의 화풍을 지정해 주면 AI가 그 그림 풍으로 그려 내는 것이지요. 일류 화가, 예를 들어 '레오나르도 다빈치'의 화풍으로 그림을 그려 달라고 하면 자동으로 그림을 그려 주는 프로그램도 있습니다. 고흐처럼 독특한 화가의 기법까지 거의 완벽하게 흉내 낼 수 있지요.

　요즘에는 일러스트를 그려 주는 인공지능 프로그램도 있습니다. 명령어로 "팬더 그림이 그려진 하얀색 쿠션을 그려 줘!"라고 하면 그 조건에 부합하는 그림을 수십 장 그려서 보여 줍니다.

　심지어 만화를 그려 주는 AI도 있습니다. 2022년 1월 미국 라스베이거스에서는 세계 최대 IT·가전 전시회인 CES 2022 행사가 열렸습니다. 그곳에서 국내 기업 '툰스퀘어'가 누구나 웹툰 작가가 될 수 있는 인공지능 기반 웹툰 창작 서비스 '투닝Tooning'을 선보였습니다. 이 서비스는 대사만 입력하면 인공지능이 이 말을 알아듣고, 그림을 그려 주는 것입니다.

그림을 연속으로 그리면 어떻게 될까요? 예. '영상'이 됩니다. 2024년 현재는 일부 실험적으로 개발된 영상 제작 인공지능이 소개되고 있습니다. 챗GPT를 만든 오픈AI에선 영상 생성 인공지능 '소라'를 공개했는데, 놀랍도록 생생하고 현실감 넘치는 영상을 만들 수 있어 대단한 화제가 되었답니다. 앞으로 조금만 시간이 조금만 더 지나면 장편 영화를 자동으로 만들어 주는 인공지능도 볼 수 있게 될 것입니다.

이 말은 어떤 뜻일까요. 인공지능은 자기 스스로 일을 하지 않습니다. 사람이 시켜야 일을 하지요. 다시 말해, 인간의 일자리를 인공지능에게 빼앗긴다는 뜻이라기보다는 사람이 하는 일의 효율이 올라

간다는 뜻으로 볼 수 있습니다.

사실 이런 '양극화'는 꼭 생성 인공지능 하나에만 국한된 이야기가 아니랍니다. 어떤 인공지능 기술을 사용하든 인공지능 기술이 도입되면 사람이 하는 일의 효율은 엄청나게 높아지게 됩니다. 자기 자신이 일을 주도적으로 하고, 인공지능을 도구로 사용해 일하는 작가들에게 인공지능은 대단히 편리하고, 더 많은 일을 빠르게 할 수 있도록 도와주는 도구가 될 것입니다. 반대로 남이 시키는 일만을 하며, 간단하고 단순한 일만 적은 돈을 받고 일하는 작가들은 점점 설 자리를 잃어가게 될 것입니다.

앞으로 작가가 되고 싶다고 생각하는 분이 있다면 '나는 창의적인 일을 할 것이니까 인공지능 세상이 오더라도 아무 문제가 없을 거야'라고 생각하지 말기를 바랍니다. 도리어 인공지능을 적극적으로 공부하고, 자신의 창작 활동에 적용해 나갈 방법에 대해 고민해야 할 것입니다. 더 편리하고 좋은 방법을 내버려 둔 채 과거의 방법을 무조건 고집하는 것은 현명하지 못하니까요.

'진짜 생각하는 기계'를 실제로 만들 수 있을까?

한 발 앞으로 돌아가 보겠습니다. 컴퓨터에게 '자아'를 만들어 주는 것은 정말로 가능할까요?

실제로 컴퓨터에게 자아를 만들어 주려는 노력도 일부 있습니다. 컴퓨터나 동물이 자신의 존재를 인지하는 것을 알아보기 위해 흔히 하는 실험으로 '거울 테스트'라는 것이 있는데요. 1970년대에 개발돼 오늘날까지 쓰이는 자기 인식 테스트입니다. 거울에 비친 자신의 모습을 보고 이 존재가 나 자신인지 아닌지 알아내는 것을 확인하는 방식이지요. 인간이 아닌 종이 자아가 있는지를 실험해 보는 기초적인 방법입니다. 지금까지 일부 영장류, 코끼리, 돌고래 등만이 통과

한 걸로 알려져 있어요.

그런데 이 거울 테스트를 통과한 컴퓨터가 실제로 등장했답니다. 2012년 미국 예일대 저스틴 하트 박사팀은 '니코'란 이름의 로봇을 만들고, 그 안에 직접 개발한 인공지능 소프트웨어를 설치했지요. 니코는 두 눈과 두 팔이 있는데, 거울에 비친 자신의 팔을 보면서 그것이 자기 앞에 있는 물건이 아니라 자기 몸에 달려 있다고 구분해 냈습니다.

물론 이것을 제대로 된 자아라고 보긴 어렵습니다. 자신의 팔 모양 등을 화상으로 해석해 "이걸 '너 자신'이라는 조건으로 인식해서 답을 내놓도록 해."라고 프로그램을 짜두는 형식일 뿐입니다. 니코에게 진짜로 사람처럼 자신을 느끼고 사랑하고, 스스로를 지키는 마음이 있지는 않기 때문이지요.

자아에 대한 기준 역시 과학적으로는 모호하고, 사람마다 정하기 나름입니다. 개인적으로 가장 마음에 드는 것이 일본의 미래학자 미치오 카쿠가 정한 것입니다. 그는 자신의 저서 《마음의 미래》에서 "자의식이란 주변 환경에 자신을 대입해 모형을 만들고, 이 모형의 미래를 시뮬레이션해 목표를 성취하는 능력"이라고 말했습니다. 또 "이 능력을 발휘하려면 다양한 사건을 예측할 수 있어야 하며, 고도의 상식을 갖춰야 한다"고도 밝혔지요. 거울 속 자신의 모습을 인지하는 데에서 나아가, 자기를 인식한 정보를 이용해 자신의 미래 계획을 세울 수 있어야 한다는 뜻입니다.

하트 박사팀이 로봇의 자아를 만들려고 한 것이 과학적으로 의미 없다고 하긴 어렵습니다. 기초적인 단계를 계속하다 보면 발전할 여지가 생길 수 있으니까요. 또 이런 시도에서 무엇이 부족한지 알 수 있기 때문이지요. 하지만 이 연구를 보고 '컴퓨터가 자아를 갖게 만드는 데 성공했다'고 하기에는 너무 과장된 표현이 아닐까 싶습니다.

저는 약한 인공지능에 대해 '고도로 자동화된 프로그램이긴 하지만 사람과 같은 지능을 갖고 있지는 못하다'라고 해석합니다. 약한 인공지능에 '인공지능'이란 단어를 붙여 쓰는 것까진 이미 어쩔 수 없는 세상이 되었지만, 될 수 있으면 지양했으면 좋겠다고 생각하지요. 개인적으로는 '지능화 프로그램' 같은 느낌의 단어를 새로 만들어 쓴다면 사람들 사이에서 혼란을 피할 수 있다는 생각도 해봅니다.

다양해진 뇌 프로젝트,
먼저 '인공 두뇌'부터 만들자

그렇다면 진짜 인공지능을 과연 만들 수 있을까요? 앞으로도 계속 불가능하다고 단정할 수는 없습니다. 다만 그 시기가 언제일지 현재로서는 아무도 알 수 없습니다. 진짜 인공지능을 만들기 위해서 꼭 필요한 조건은 인간의 두뇌가 어떻게 움직이는지, 그 원리를 이해하는 것입니다. 그 문제를 전 세계의 뇌 과학자들이 지금도 부지런히 연구하고 있습니다. 하지만, 아직도 언제쯤 가능할 것 같다는 시기조차 답하지 못하는 것이 지금의 현실이지요.

언젠가는 강한 인공지능, 즉 진짜 인공지능의 출현이 기술적으로 가능해질 거라고 기대합니다. 사실 사람의 두뇌도 정밀하게 만들어진 기계로 해석할 수 있습니다. 인간의 뇌는 뉴런neuron이라는 신경 세포로 구성돼 있지요. 사람마다 다르지만 뉴런의 숫자가 1000억 개가 넘는다고 보는 사람도 있습니다. 이 뉴런들이 어떤 형태로 연결돼 있는지, 어떤 원리로 움직이기에 사람이 '자아'를 가지는지 지금은 그 답을 알긴 어렵습니다. 앞으로 뇌 과학 연구로 그 비밀이 풀리게 된다면 진짜 인공지능의 출현도 상상 속 이야기만은 아니겠지요.

실제로 그런 시도를 해보는 사람들도 있습니다. 과학계에서는 인간의 뇌를 인공적으로 만드는 프로젝트를 여럿 진행하고 있습니다. 강한 인공지능 개발에 앞서 '인공 두뇌'부터 만들겠다는 것입니다.

대표적인 것이 유럽연합EU의 '휴먼 브레인 프로젝트'입니다. 인간의 뇌를 제대로 이해해 보자고 시작한 연구 프로젝트인데요, 스위스 로잔연방공과대학교의 헨리 마크람 교수팀이 이 프로젝트의 일환으로 슈퍼컴퓨터 속에 가상의 두뇌를 만드는 연구를 진행한 적이 있습니다.

그 방법은 뇌신경 세포의 기본인 뉴런 하나를 컴퓨터 속에 가상으로 만들어 내고, 이런 뉴런을 계속해서 연결해 인간 뇌 구조를 실제와 똑같이 가상으로 만들어 보는 것입니다. 이 뉴런을 어떻게 연결하느냐에 전 세계 뇌과학자들이 내놓은 연구 결과를 계속해서 반영하고 있지요. 그 결과, 2011년에는 뇌세포 100만 개로 구성된 '메조서킷meso circuit'을 구현하는 데도 성공했습니다.

메조서킷은 신경 세포가 모여서 만들어진 묶음이에요. 신경 세포가 모여 공간 정보 등을 처리하는 신피질 기둥Neocortical Column을 이루고, 이들이 모여 다시 메조서킷이 되지요. 메조서킷이 모여 두뇌 전체가 만들어진답니다. 이 메조서킷이 진짜 동물의 뇌 구조와 다르지 않다면, 이 구조를 점차 늘려 나갈 경우 어느 날 컴퓨터 속의 이 '가상 두뇌'는 사람처럼 생각을 할 수 있게 되겠지요. 물론 이렇게 만든 인공 두뇌가 진짜로 생각을 해낼 수 있을지는 아직 알 수 없습니다. 그것까지 알아보았다면 좋았겠지만, 이 연구에는 너무나 많은 컴퓨터 자원이 필요했습니다. 거기에 따른 막대한 투자 비용을 감당할 수 없어 현재 연구를 중단한 상태입니다.

이런 연구는 과연 필요할까요? 뇌과학자들이 인간의 지능에 담긴 비밀을 먼저 풀어내야 가상 두뇌도 가능해지겠지만, 이런 연구가 뇌과학자들의 연구에 보탬이 될 수도 있으니, 서로 상호 보완적인 연구라고 봐도 무방할 것입니다.

미국도 이 같은 연구에 집중적으로 투자하고 있답니다. 인간의 뇌 세포 지도를 만드는 대형 프로젝트인 '브레인 이니셔티브'에 총 5억 달러(약 7,200억 원)를 투자하고 있습니다. 미국은 2013년 브레인 이니셔티브 프로젝트 계획을 밝히고, 2014년부터 본격적으로 연구를 시작했지요. 2000억 개의 신경 세포(뉴런) 그리고 이 신경 세포들의 신호를 전달하는 최소 100조 개의 시냅스가 맡은 역할, 위치 등을 면밀히 규명한 '지도'를 제작해 현대 과학이 아직 풀지 못한 뇌의 비밀을 밝혀내는 것이 목표라는군요.

브레인 이니셔티브 프로젝트를 주관하는 미국 국립보건원NIH은 2022년에 '뇌 지도를 구축하는 데 5부 능선을 넘었다'고 스스로 평가했습니다. 물론, 이렇게 뇌 지도를 완성한다고 해서 인간 지능의 비밀이 풀릴지는 알 수 없습니다. 그래도 실마리 하나를 더 얻을 수 있게 되는 것이지요.

약한 인공지능은 '유용한 도구'가 된다

이제까지 말씀드린 내용으로 본다면, 지금 시기에 우리가 집중해야 할 인공지능은 영화 속에 등장하는 허구의 '강한 인공지능'이 아닌 '약한 인공지능'일 것입니다. 이미 많은 분야에서 쓰는 약한 인공지능을 얼마나 능수능란하게 활용하느냐에 따라, 여러분이 미래 사회를 잘 헤쳐 나가는지가 달려 있다고 보아도 과언이 아닙니다.

예를 하나 들어 볼까요. 어느 날 부모님과 함께 서울에서 부산까지 가기로 했고, 부모님께서 운전을 하고 여러분이 길 안내를 맡았다고 생각해 봅시다. 여러분은 마음만 먹으면 스마트폰으로 언제든지 실시간 교통 정보를 받을 수 있습니다. 정밀한 지도도 언제든지 찾아볼 수 있지요. 그렇다면 여러분은, 스마트폰 하나를 손에 쥐고, 가장 시간이 적게 걸리고 기름 값도 덜 드는 길을 단 몇 초 만에 직접 계산해 낼 수 있을까요?

사람에게 이런 일은 불가능합니다. 모든 도로 상황을 점검하고, 지도를 일일이 살펴가며 평균 속도와 정체 상황을 확인하고, 그 모든 정보를 종합해 최적의 루트를 계산해 낸다면, 아무리 빨라도 몇십 분은 걸리겠지요. 하지만 그 사이에 도로 상황이 변해 버릴 테니, 결국 쓸모없는 결과가 될 것입니다.

사실 바보처럼 이렇게 복잡하게 일할 필요는 전혀 없습니다. 이런 일은 그냥 T맵이나 카카오내비 같은, 성능 좋은 내비게이션 프로그램을 스마트폰에 설치하고 '실시간 빠른 길 찾기' 메뉴만 선택하면 해결되지요. 적어도 빠른 길 찾기 기술에 관한 한 인공지능 기술이 사람보다 수천 배, 수만 배나 빠르고 정확합니다. 이런 내비게이션 프로그램에도 인공지능이란 수식어를 가져다 붙인 것이 수년도 더 된 일이랍니다.

자, 이 내비게이션은 요즘 흔히 말하는 약한 인공지능을 일부 가지고 있는 것은 확실합니다. 그런데, 이 내비게이션이 여러분보다 더 빨리, 더 정확하게 길을 찾아냈으니 더 지능이 뛰어난 것입니까? 이 내비게이션 프로그램의 성능이 계속 발전하면, 어느 날 사람처럼 스스로 생각하게 될까요?

누차 말씀드렸듯이 그런 일이 일어나는 것은 불가능합니다. 앞장에서 설명한 것처럼, 컴퓨터 프로그램은 사람이 순서나 동작 원리를 지정해 가르쳐 준 것들을 순서대로 아무 의미 없이 처리해 낼 뿐입니다. 이 내비게이션의 인공지능은, 인류가 수십 년 동안 쌓아 온 지식과 기술을 이용해 만들어 낸 발명품인 셈이지요. 수년 동안 지도 데이터를 쌓고, 인공위성을 이용해 차량의 현재 위치를 확인하고, DMB 방송 채널이나 스마트폰 데이터 통신을 통해 실시간 교통 정보를 받도록 노력해 온, 즉 이런 기술을 개발한 사람들의 지능이 단편적으로 모여 하나의 '기기'로서 완성된 것일 뿐입니다. 사람이 만든 도구, 사람의 지능이 만들어 낸 훌륭한 자동화 계산 장치인 것이지요.

그렇다면 현명한 사람은 어떤 판단을 해야 할까요? 내비게이션 프로그램이 인간보다 똑똑해질 우려가 있다며 더 이상 새로운 프로그램을 만들어서는 안 된다고 이야기해야 하는 것도, '기계에서 벗어나 인간성을 회복하자'며 내비게이션 사용을 포기하는 것도 바보 같은 일일 뿐입니다.

우리가 할 일은, 이 내비게이션 프로그램을 이용해 길에서 낭비되는 시간을 줄이고, 조금이라도 더 편안하고 쾌적하게 운전해 목적지까지 가는 것입니다. 세상에 더 좋은 기술이 나왔는데 그 혜택을 이용하지 않는 사람을 현명하다고 보긴 어렵겠지요.

약한 인공지능의 성능이 좋아질수록, 우리 삶은 매우 편안해지고 빨라질 것입니다. 예를 들어 '외국어 자동 통역기' 같은 기능은 지금까지 수많은 사람들이 개발해 왔지만, 아직도 완벽한 것이 개발됐다고 보긴 어렵지요. 하지만 약한 인공지능의 도움을 받으면 훨씬 성능이 좋은 통역 기능을 개발할 가능성이 높아집니다. 수많은 단어와 문장의 뜻을 사람이 일일이 컴퓨터에게 가르쳐 줄 필요가 없어요. 컴퓨터가 스스로 공부하도록 만들 수 있으니까요.

요즘 인기를 얻고 있는 '빅데이터' 같은 분야도 약한 인공지능과 만나야만 비로소 꽃을 피울 수 있는 분야지요. 빅데이터란 인터넷에 쌓인 수많은 정보를 분석해 새로운 정보를 알아내는 분야랍니다. 약한 인공지능이 빅데이터 분야에서 활약하면, 어떤 일이 일어날까요? 사람은 몇 달, 몇 년, 심하면 평생을 걸려 공부하고 답을 내야 할 복잡한 데이터를, 약한 인공지능을 이용하면 불과 하루 이틀 사이에 답을 낼 수 있는 세상에 와 있습니다. 미래 사회는 이런 약한 인공지능을 얼마나 잘 다루느냐에 따라 사회의 리더가 되는 것이 판가름 난다고 보아도 무리가 아니랍니다.

기계는 과연 어떻게
배워 나가는 걸까?

앞서 강한 인공지능과 약한 인공지능, 그리고 소프트웨어 기술을 이용한 자동화 기술의 차이를 말씀드렸습니다. 사실 이 세 가지의 구분은 사람에 따라 다소 다르답니다.

이미 말씀드렸듯이, 저는 사람들의 혼란을 막기 위해 '강한 인공지능'이 아니라면 가급적 인공지능이란 단어를 쓰지 않았으면 좋겠다고 생각합니다. 그러나 이미 약한 인공지능도 단순한 자동화 프로그램이라고 부르기에는 성능이 대단히 뛰어난 것들이 많이 나오고 있고, 또 수많은 사람이 인공지능이란 단어를 거리낌 없이 사용하고 있어 대세를 바꾸기에는 무리라고 여겨집니다. 실제로는 많은 전문가들도 강한 인공지능과 약한 인공지능을 하나로 묶어 모두 '인공지능'이라고 하며 일반 컴퓨터 소프트웨어 제작 기술과 구분하기도 합니다. 이런 구분에서 어느 쪽이 옳은지 가리는 것은 큰 의미가 없답니다. 사람마다 다른 생각과 기준의 문제이니까요.

저는 그저 여러분에게 '사람처럼 스스로 생각할 수 있는 컴퓨터는 현재 사회에 존재하지 않으며, 그런 인공지능이 개발되려면 아직도 긴 세월을 연구해야 한다'는 사실을 알리고 싶을 뿐이지요. 적어도 기존 컴퓨터 기술로는 강한 인공지능을 만들기가 매우 어렵다는 점에는 대다수의 과학자들이 인정하고 있답니다. 컴퓨터에 지금과 같은 방식의 새로운 소프트웨어를 설치하는 것만으로는 어려울 것입니다. 인간의 뇌를 시뮬레이션해 낼 수 있을 전혀 다른 원리를 가진 컴퓨터, 흔히 아주 미래의 컴퓨터로 발전할 것이라고 불리는 양자 시스템 등이 상용화된다면 가능하지 않을까 추측하기도 합니다.

진짜 사람처럼 자아와 지능을 갖고 언제든지 척척 말을 알아듣는 강한 인공지능이 비서처럼 일해 준다면 정말로 좋을까요. 하지만, 아직 그만한 인공지능이 개발되는 건 요원한 일이지요. 그렇다고 사람 대신에 유용한 일을 할 수 있는 약한 인공지능을 개발하는 걸 포기할 수는 없습니다. 진짜 사람과 같은 '지능'을 개발하기에 앞서, 우선 할 수 있는 '약한 인공지능'을 개발하는 일에 주력하는 것이지요. 원리는 다소 다르겠지만 필요한 일을 사람과 같이 스스로 판단하고 답을 내릴 수 있으면 되니까요. 약한 인공지능은 사람 대신 많은 자료를 판단해 일할 수 있습니다. 제한적인 상황에서겠지만, 그래도 시킨 일을 척척 해내어 지능을 가진 것처럼 동작하는 것만으로도 충분히 유용한 가치가 있습니다.

'인공신경망'이란 무엇일까?

약한 인공지능과 일반 컴퓨터 프로그램(소프트웨어)의 차이점도 적지는 않습니다. 약한 인공지능은 인간의 '신경망'이 동작하는 원리를 흉내 내고, 그 순서에 맞게 소프트웨어를 만들어 기존에 없던 수준의 판단력을 갖도록 구성하는 것이 기본 원리입니다. 이런 높은 수준의 자동화 기능, 즉 어느 정도 판단 능력을 갖고 있다면 약한 인공지능이라고 합니다. '자동화' 기능을 넘어서 스스로 판단하고 움직이니 '자율화 기능'이라고 표현하기도 합니다. 그렇지 않고 완전히 모든 상황에서 사람의 지시에 따라 판단 없이 동작하는 컴퓨터 프로그램은 그냥 '소프트웨어 기술'이라고 구분하는 식입니다.

여러분의 이해를 돕기 위해 예를 하나 들어 볼까요. 사람은 개나고양이를 먼 곳에서 보아도 단번에 알아볼 수 있습니다. 이런 일이 가능한 것은 어릴 적부터 수많은 개와 고양이를 보고 자랐기 때문이지요. 사람은 사실 처음 보는 종류라고 해도 개와 고양이를 혼동하는 일은 거의 없습니다. 말로 설명하기 힘들지만 그 기준을 누구나 알고 있기 때문입니다.

하지만 그 기준을 컴퓨터에게 가르쳐 주기는 정말로 어렵습니다. 개나 고양이 모두 다리 네 개, 꼬리 하나, 입 하나, 코 하나, 눈 두 개로 똑같습니다. 그렇다면 다른 점은 뭘까요? 눈과 코의 생김새도 저마다 다르고, 어떤 종류는 털이 복슬복슬하고, 어떤 종류는 색깔이 화려하고, 어떤 종류는 체구가 매우 크지요. 더 꼼꼼한 기준을 세워서 눈의 크기, 눈꼬리의 비율 등을 따져서 가르쳐 줄 수도 있을 겁니

다. 하지만 이런 노력을 아무리 오랫동안 반복해도 결국 완전히 개와 고양이를 구분하는 컴퓨터를 만들긴 어렵습니다. 물론, 인공지능 기법을 사용하지 않았을 때의 이야기입니다.

반대로 약한 인공지능은 '인공신경망'이라는 학습 기능을 가지고 있습니다. 물론 사람이나 고등 동물이 지닌 진짜 신경망은 아닙니다. 하지만 무언가 가르쳐 주면 기억해 두었다가 다음 판단의 재료로 활용하는 동물의 신경망이 가진 '조건' 중 일부를 프로그램으로 만드는 것이지요. 이 프로그램을 높은 수준으로 만들게 되면, 이 프로그램이 새로운 명령어를 컴퓨터가 만들도록 하는 식입니다.

기계에겐 너무도 어려운
개와 고양이 구분하기

사실 이런 인공신경망 개념은 이미 1950년대부터 나온 이야기입니다. 1956년 존 매카시라는 사람이 처음 만든 것으로 알려져 있습니다. 그 이전에도 수학자들이 '어떻게 하면 사람의 신경망을 흉내 낸 계산 모델을 만들 수 있을까'를 생각해 복잡한 수식을 만들었습니다. 그것들이 모여 결국 인공신경망 이론의 기틀이 됐지요.

이후 이런 인공지능 기법은 점점 주목을 받습니다. 이걸 실험해 보기 위한 가장 좋은 방법이 아까 말씀드린 개와 고양이의 구분 같은 이야기지요. 과거에는 사람만 할 수 있었던 일, 사람의 판단력이 반드시 필요한 일을 컴퓨터가 할 수 있는지 그 기준을 알아보기 위한 실험입니다.

이렇게 하려면 먼저 인공신경망 원리에 의해 만든 소프트웨어, 즉 '약한 인공지능'을 컴퓨터 속에 설치해 줍니다. 그 약한 인공지능에게 수없이 많은 개와 고양이의 사진을 보여 줍니다. 물론 답도 알려 주지요. 그렇게 수만 장, 수십만 장의 사진을 본 컴퓨터는, 마침내 사람처럼 어느 정도 개와 고양이를 구분할 수 있도록 발전해 나갑니다.

최근에는 개와 고양이의 사진을 보고 어느 정도 능수능란하게 구분해내는 인공지능도 등장했습니다. 하지만, 그래도 아직 사람처럼 완전하지는 못합니다. 사람은 개와 고양이를 몇 개 이상 보고 나면, 자연스럽게 그 차이를 학습해 틀리지 않고 구분합니다. 그런데 컴퓨터 장치는 수백, 수천 장을 보고도 완전하지 못합니다.

왜 그럴까요? 사람이 아직 과학으로 설명하기 어려운 직감으로 판단을 내리는 동안, 컴퓨터는 모든 경우의 수를 비교하고 확률을 통해 답을 내리려고 하니까요. 예를 한 번 들어 볼까요. 컴퓨터에게 갈색 털에 검은 눈을 가진 '치와와' 종류의 강아지 사진을 보여 준 다음, 인공지능에게 "같은 종류의 강아지 사진을 인터넷에서 찾아줘."라고 요청합니다. 그런데 인공지능은 강아지 사진과 함께 엉뚱하게도 잘 구

검색 전

검색 후

워진 머핀 케이크 사진을 절반가량 섞어서 찾아내기도 합니다. 갈색 빵에 검은 건포도가 박힌 모습이 짙은 노란색 강아지 사진과 비슷해 보인 것이지요.

물론 과학자들은 컴퓨터 장치를 동원해 이런 인공지능을 만들어 보고, 수정해 가며 점점 정확성을 높이려는 노력을 기울입니다. 인공지능 개발에 열심인 구글, IBM 같은 많은 회사가 자체 개발한 인공지능으로 바둑, 퀴즈 풀이, 얼굴 인식 등에 꾸준히 도전하고 있습니다. 자신들이 개발한 인공신경망이 제대로 구현됐는지, 사람의 신경망과 어느 정도 유사한지 그 데이터를 얻기 위해 실험을 반복하는 것이지요.

페이스북 같은 소셜 미디어 서비스에서 이런 기능이 일부 도입돼 있습니다. 친한 친구의 사진을 새로 업로드하면, 그 친구인지 알아보고 사진에 이름을 자동으로 표시해 줍니다. 여전히 전혀 엉뚱한 친구의 이름을 가져다 붙이는 실수도 하지만 말입니다.

기계 학습으로 더 드러나는
약한 인공지능의 한계

지금까지 나온 컴퓨터 소프트웨어는 프로그래머가 의도한 것 이상의 성능을 내지 못했답니다. 만약 프로그램의 성능을 더 높이고 싶다면, 프로그래머가 일일이 개선해야만 했습니다. 약한 인공지능은 이것과는 다른데, 기계 학습을 통해 많은 데이터를 넣어 주면, 그 공통점을 찾아 분석해 생각지도 못한 답을 내놓기도 합니다.

쉽게 말해 약한 인공지능은, 수없이 많은 데이터를 학습하고 거기서 공통 분모를 찾아내는 기술인 셈입니다.

그렇다면 1950년대부터 연구하던 약한 인공지능이 최근 들어 왜 이렇게까지 주목받게 됐을까요. 아마도 그 까닭은 인공지능에게 기계 학습을 시킬 '데이터'를 수집하기에 좋은 세상이 되었기 때문이 아닐까 합니다. 인터넷 속도가 빨라지고, 누구나 인터넷을 쓰는 세상이 되면서, 인터넷에 떠도는 수많은 정보를 찾아 모으는 것이 어렵지 않게 되었기 때문이지요.

이 말을 거꾸로 풀어 보면, 약한 인공지능은 사람에 비해 얼마나 보잘 것 없는 판단력을 지녔는지를 증명해 주기도 한답니다. 보통 사람들이 일평생 동안에 몇 마리나 되는 개를 만나 볼 수 있을까요? 100마리? 1만 마리? 사람들은 일상생활에서 만나는 몇 번의 기회만으로도 개와 고양이를 완벽하게 구분해 내지요. 하지만 지금 가장 뛰어난 인공지능을 가져 온다고 해도, 개와 고양이를 단순히 구분해 내는 것을 수행하려면 엄청난 분량의 개와 고양이 사진을 놓고 학습해야 합니다.

약한 인공지능의 한계는 또 있습니다. 사람의 신경망은 학습을 반복하면서 점점 성장합니다. 스스로 능력을 개선할 수 있지요. 하지만 약한 인공지능은 그것이 불가능합니다. 사람이 정해 준 성능, 사람이 만들어 놓은 신경 구조 자체는 성장할 수 없기 때문입니다. 쉽게 말해 사람은 학습을 반복할수록 머리가 좋아지는 반면, 약한 인공지능의 학습 능력 자체는 언제나 그대로입니다.

1881년, 영국에서 노동자 운동이 일어난 적이 있습니다. 일명 '러다이트Luddite' 운동이라고 하지요. 정체불명의 지도자 N. 러드N. Ludd라는 인물이 이끌었기 때문에 그런 이름이 붙었습니다. 이 운동은 '기계는 두렵다. 인간의 일자리를 빼앗는다'는 생각에서 출발했답니다.

그 당시에는 증기 기관의 발전으로 산업혁명이 진행되고 있었습니다. 이전에는 사람의 힘 이외에 쓸 수 있는 동력이라고는 소나 말 같은 동물의 힘뿐이었어요. 그런데 증기 기관이 등장한 다음부터는 석탄에 불을 붙여 물만 끓이면 기계 장치가 사람을 대신해 일하는 세상이 열린 겁니다.

그때 많은 사람들이 일하던 직물 공업에도 기계가 보급되었지요. 그러자 사람들 사이에서 "저 기계가 많이 공급되면 우리는 일자리를 잃는다. 저 기계를 부수자!"는 목소리가 힘을 얻게 된 겁니다. 이른바 '기계 파괴 운동'이었던 셈이지요. 이 운동은 랭커서, 체서, 요크서 등 영국 북부의 여러 주州로 확대되었습니다. 그러면서 이 운동은 실제로 공장 기계를 부수는 등 폭력적으로 변해 갔습니다. 어쩔 수 없이 영국 정부도 무력으로 시위대를 진압했지요.

이 운동에 참여한 사람은 당시에 스스로 올바르다고 믿고, 자신의 살 자리를 지키기 위해 절실한 선택을 했을지도 모릅니다. 하지만 140년도 더 지난 지금, 이 운동이 올바른 행동이었다고 말하기는 어렵습니다. 조금만 이성적으로 생각해 본다면 답을 쉽게 생각할 수 있답니다.

여러분이 당시 회사의 사장님이라고 생각해 볼까요? 공장에 기계가 도입되고 더 많은 물건을 만들 수 있게 되면, 여러분은 회사에서 일하는 직원들을 모두 쫓아낼까요? 아니면 그만큼 더 많은 기계를 들여오고 그에 발맞춰 직원도 더 뽑아 더 많은 돈을 벌려고 할까요? 물론 사업을 더 크게 키우지 않고 직원들을 내보내는 사장님도 있을 수는 있습니다만, 사회 전체적으로 본다면 기계가 도입되면서 일자리의 숫자는 도리어 크게 늘었답니다.

지금까지 인류는 끊임없이 발전해 왔습니다. 그 중심에는 항상 지식과 기술이 있었지요. 과학 기술의 발전이 처음에 두려움의 대상이 되는 경우는 수없이 많이 있었습니다. 이 과정에 여러 가지 단점이 두드러지는 일 역시 있었습니다. 하지만 긍정적인 효과가 더 컸다는 사실을 우리는 역사를 통해 알 수 있습니다. 모든 지식과 기술의 발전은 결국에 더 많은 일자리와 높은 경제 효과를 창출해 왔지요.

인공지능도 마찬가지입니다. 많은 사람들이 '약한 인공지능'의 발전 역시 두려워하고 있습니다. 그러나 실제로는 다양하고 많은 일자리를 만들어 주고, 우리 삶의 방식을 더욱 편리하게 바꾸어 줄 새로운 도구로 발전하고 있습니다. 이미 인공지능은 우리의 친구인 셈이지요. 인공지능은 배척하고 인공지능은 두려워해야 할 대상이 아니라, 우리의 삶을 편안하고 살기 좋게 만들어 줄 미래를 여는 문이 되고 있다고, 저는 굳게 믿고 있답니다.

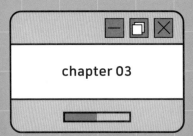

chapter 03

영화 속 상상을
현실로 만드는 기술들이
몰려온다

상상 그 이상을 실현하는
4차 산업혁명의 네 가지 기술

많은 사람들이 인공지능을 걱정스럽게 바라봅니다. 인공지능이 인간을 위협하고, 공격하고, 일자리를 빼앗지 않을까 생각하는 사람들이 적지 않습니다.

하지만 인공지능은 인간을 위해 존재합니다. 인간의 생활을 더 행복하고, 더 편리하게 만들어 줄 도구지요. 인공지능이 인간 대신 많은 분야에서 생산 활동을 하면서, 인간은 지금까지 반복해 온 단순 업무에서 벗어나 창의적이고 한층 가치 있는 일에 집중할 수 있게 될 것입니다.

우리가 여기서 집중해야 할 점은, 무엇보다 미래 세대를 짊어질 우리 젊은 인재들이 미래를 올바르고 긍정적인 시선으로 바라보는 일입니다. 인공지능 사회를 이해하고, 그 인공지능과 인간이 함께 살아가는 세상을 만드는 것은 바로 여러분일 것이기 때문입니다.

두렵다고 생각하고 인공지능을 배척하면 결국 인공지능의 부작용이 점점 커져 여러분을 덮칠지 모릅니다. 하지만 인공지능의 장점을 긍정적으로 바라보고, 인공지능의 좋은 점을 적극적으로 이용하려고 생각한다면 인공지능은 우리 인간에게 더없이 편리한 세상을 만들어 줍니다.

생각하기에 따라 모든 것은 정반대로 여겨질 수 있습니다. 인공지능이 인간의 일자리를 빼앗고 인간은 할 일이 없어져 버린 세상, 인공지

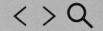

능과 로봇이 인간을 위해 모든 자잘한 일을 다 해주는 편리한 세상. 이 둘은 결국 같은 모습일 수 있습니다. 중요한 것을 이런 사회적인 변화를 받아들이는 여러분의 생각과 태도가 아닐까 생각합니다.

미래는 인공지능이 인간을 위해 주변 모든 것을 제어하고 인간을 위해 집과, 마을과, 도시를 움직이는 세상이 될 것입니다. 공장에 가면 인간은 핵심이 되는 몇몇 중추 기능만을 담당하게 됩니다. 인공지능이 도입된 만큼 생산성은 더 높아지고, 인간의 삶은 그만큼 더 풍족해지지 않을까요.

 talk 3

이제 4차 산업혁명의
시대가 되었다고?

여러분도 4차 산업혁명이라는 이야기를 들어 봤을 거예요. 사실 이 말의 개념은 쓰는 사람마다 차이가 있어서 "이것이 4차 산업혁명이다!"라고 단정 지어 이야기하기는 어렵습니다. 4차 산업혁명이란 말은 본래 2012년 독일에서 비롯됐답니다. 발달하고 있는 컴퓨터 기술과 로봇 기술, 인공지능 기술을 공장 생산 시스템에 접목해 새로운 혁신을 꾀하자는 '인더스트리 4.0'이라는 개념을 내놓은 것이 효시지요.

공식적으로 4차 산업혁명Fourth Industrial Revolution이라는 말을 쓰기 시작한 건 언제일까요? 2016년 1월 20일부터 23일까지 열린 세계경제포럼WEF에서 클라우스 슈밥Klaus Schwab WEF 회장이 '제4차 산업혁명'이란 말을 쓴 데서 시작합니다. 세계경제포럼은 또 다른 말로 '다보스 포럼'이라고도 불립니다. 매년 스위스 다보스에서 열리기 때문인데, 전 세계의 대통령 및 수상, 대기업 회장 같이 세계 경제를 움직이는 핵심 인사들이 모여 미래 경제를 논의하는 자리입니다. 그러니 세계에서 가장 중요한 회의 중 하나로 꼽힌답니다.

이때 슈밥 회장이 인더스트리 4.0 정책에서 힌트를 얻어 4차 산업 혁명의 도래를 주장했습니다. 이것은 나름의 설득력이 있다고 받아들여졌고, 전 세계로 퍼져 나가기 시작했습니다. 증기 기관으로 대표되는 1차 산업혁명(기계 혁명)에 이어 2차 전기 혁명, 3차 정보화 혁명이 차례로 진행되었고, 거기에 이은 새로운 혁명이 일어날 거라는

예측이지요.

슈밥 회장의 발언 이후 전 세계는 4차 산업혁명이야말로 미래 사회를 바꾸는 흐름처럼 여기기 시작했습니다. 이제는 여기에 편승하지 못하면 새로운 시대에서 올바로 적응하지 못하는 것이라는 분위기까지 생기는 듯합니다.

그러나 "뭐가 4차 산업혁명이냐?"라고 물어본다면 사실 명백한 정답을 아는 사람은 없습니다. 독일의 인더스트리 4.0이라면 독일에서 주도적으로 추진한 정책의 일환으로 비교적 또렷한 계획이 있습니다. 이것은 '모든 공장을 스마트 공장으로 만들자'는 말로 요약할 수 있지요. 산업화 국가인 독일의 입장을 대변한 정책이기도 하고, 세상을 이렇게 바꿔 보자는 목표 성격이 강합니다.

하지만 4차 산업혁명은 '혁명이 일어날 것'이라는 예측이 있었을 뿐입니다. 누군가 "도대체 뭐가 4차 산업혁명인지 정확하게 규정지어 이야기해 달라"고 묻는다면 이에 답하기는 어렵습니다. 인더스트리 4.0의 개념도 4차 산업혁명에 들어가는데다가 거기에 문화적, 사회적 변화까지 포함한 무언가 훨씬 큰 개념으로 여겨지기는 합니다. 하지만 도대체 '그 무언가'가 뭐냐고 물으면 똑 부러지게 답할 사람은 없습니다. 더구나 시간이 흐르면서 여러 학자들이 저마다 해석을 덧붙이기 시작해 더 혼란스러운 상황에 이르렀습니다. 어떤 분들은 아예 '새로운 미래 혁명'에 대한 상징적인 단어로 쓰기도 하더군요.

이 문제는 꽤 중요한 일이라 4차 산업혁명은 어떤 모습으로 진행될지, 사람들이 말하는 4차 산업혁명은 저마다 어떻게 다르고, 그런 변화는 사회를 어떻게 바꿔 나갈지, 그래서 우리는 변화하는 세상에 어떻게 대응해야 하는지 다음 장에서 더 자세히 적어 볼 생각이에요.

다만 그 전에 반드시 짚고, 넘어가야 할 것이 한 가지 있습니다. 4차 산업혁명이 정확하게 어떤 것인지는 말하기 어렵지만, 큰 줄기에서 어떤 과학과 기술이 4차 산업혁명을 주도해 나갈지는 저 같은 문외한이라도 어느 정도 답을 낼 수 있다는 사실입니다. 즉 많은 전문가들이 '뭔지는 잘 모르겠지만 4차 산업혁명이 일어난다'고 예언할 수 있는 까닭은, 현재의 기술이 과거와는 다른 세상을 열 만한 수준에 도달했다고 보기 때문입니다. 개인적인 구분이기는 합니다만, 많은 전문가 분들의 의견을 참고해 볼 때 그 기술은 크게 세 가지로 나눌 수 있답니다. 지금부터 그 이야기를 짚어 보려 합니다.

○　○　○

새벽부터 눈이 떠졌다. 저녁 식사에서 마신 와인 때문에 졸음이 쏟아져 일찍 잠자리에 든 것이 화근이었다. 시계를 보니 새벽 3시. 더 이상 잠이 오지 않는 건 어찌 할 방법이 없었다. 뒤척이다 못해 결국 일어나 거실 밖으로 나가고 말았다.

비척비척 걸어가 거실 소파에 몸을 파묻고 앉았다. 딱히 아무런 일도 하지 않았는데 저절로 TV가 켜졌다. 내가 TV를 보려고 한다는 사실을 눈치챈 가정용 인공지능이 알아서 TV를 켜준 것이다.

그런데, TV 구석에 붙은 붉은색 전원 표시등이 켜졌을 뿐 TV 화면은 똑바로 보이질 않았다. 고장이 났나?

"아, 그래. 아내가 며칠 전에 TV를 신형으로 바꿨지."

어두컴컴한 곳에서 TV가 보이지 않는 것은 당연했다. 최근 몇 년 사이 판매되기 시작한 TV는 대부분 이런 식이다. 종이책을 보는 것과 똑같이 주변에 빛이 없으면 화면이 보이질 않는다. 과거에는 전자책에서만 볼 수 있었던 기술이 TV 속으로 들어온 것이다. 화면은 총천연색으로 펼쳐지지만 구형 TV처럼 밝게 빛이 나진 않기 때문에 눈이 피로하지 않다. 단점은 한밤중에 TV를 볼 때는 따로 실내 조명을 켜줘야 한다는 것. 자칫 불편하진 않을까 생각해 구입을 망설였지만 한 번 더 생각해 보니 별로 문제될 일도 아니었다. 모든 가전 기기끼리 신호를 주고받는 '사물인터넷'이 보편화되어 있기 때문이다.

TV가 켜지고 1초 정도 지났을까. TV로부터 무선 신호를 받은 천장 조명이 '팟' 하는 작은 소리를 내며 저절로 적당한 밝기로 조명을 켜줬다. 조명은 가족들이 침대에서 저마다 잠을 자고 있다는 것을 알고는 최소한의 밝기를 선택해 은은한 간접 조명을 TV와

내 주변에만 비춰 줬다. 이때 TV는 주변 스피커의 음량을 최소로 조정했고, 음파의 방향을 조정해 소리를 내 귓가로 최대한 또렷하게 전달해 줬다.

화면을 보니 TV는 프로그램 중 몇 편을 선정해 화면에 띄워 놓고 선택을 기다리고 있었다. 20~30분 이내 짧은 시간에 볼 수 있는 단편 영상물이 대부분이었다. 하지만 내가 가장 좋아하는 전쟁 영화 종류는 찾을 수 없었다. 아마도 새벽 시간임을 고려해 내가 다시 잠이 들 수 있도록 조용하고 잔잔한, 하지만 내가 그리 싫어하지 않는 프로그램을 엄선해 준 것 같았다. 잠시 동안 TV를 보고 있었을까. 낮은 목소리로 나도 모르게 "아, 목이 좀 칼칼하네."라고 중얼거렸다. 잠시 시간이 흘렀다. 트롤리(음식 등을 가져다 나르는 주방용 수레) 로봇이 낮게 위잉~ 소리를 내며 정수기에서 물 한 잔을 받아서 가지고 왔다. 너무 차갑지도, 그렇다고 뜨겁지도 않은 꼭 적당한 온도다. 아마도 소파와 집안의 적외선 센서 등이 내 몸의 체온과 몸에서 발산되는 습기의 양을 파악해 알아서 조종했을 터였다.

나는 잠에서 깨 거실 소파에 앉았을 뿐이다. 그런데 TV와 조명, 소파, 주방의 정수기와 로봇은 나 한 사람을 위해서 살아 있는 듯이 움직였다. 소파는 내 몸무게와 앉아 있는 자세, 체형을 감지해서 이 새벽 시간에 잠이 깨 거실에 앉은 사람이 가족들 중에서 나라는 사실을 알아냈다. 지금의 나에게 적합한 빛의 세기와 가장 잘 맞는 음량, 꼭 맞는 온도의 물, 내가 지금 상태에서 보고 싶어 할 영상물까지 알아서 선정해 줬다. 마치 집 전체가 나 한 사람을 위해 살아 움직이는 것 같이 느껴진다.

。　。　。

이 글은 현재 개발 중인 최신 전자 기기 기술이 인공지능과 합쳐져 변화될 수 있는 가까운 미래 모습을 소설(?)처럼 적어 본 것입니다. 우리가 가장 먼저 체감할 수 있는 가정생활에서 어떤 변화가 일어날지 알기 쉽게 소개하고 싶어 구상해 봤습니다.

이 소설 같은 글에서 예를 든 것을 잘 살펴보면, 인공지능이 이처럼 완벽하게 인간을 돕기 위해서는 세 가지 조건이 필요하다는 것을 알 수 있을 것입니다. 저는 인공지능과 이 세 가지가 다가올 미래 사회에서 핵심 요건이 될 것이라고 믿고 있답니다. 그것은 바로 인공지능과 데이터, 통신, 그리고 인터페이스 기술입니다.

4차 산업혁명의 핵심은
인공지능과 데이터다

4차 산업혁명의 핵심에서 빼놓을 수 없는 것이 앞서 본 인공지능이랍니다. 제 아무리 뛰어난 전자 기술도, 고성능 로봇도, 이를 능수능란하게 제어하고 질서 있게 척척 움직이도록 만들 '지능'이 없다면 활약하기 어렵기 때문이지요. 즉 언제 어디서든 인간을 도울 (약한) 인공지능의 발전이야말로 4차 산업혁명 시대를 주도할 핵심 기술인 셈입니다.

그리고 인공지능이 발전하기 위해 반드시 필요한 것은 바로 '데이터'입니다. 제가 4차 산업혁명을 이끌어 갈 첫 번째 요소로 '인공지능과 데이터'를 꼽는 것은 그 때문입니다. 앞 장에서 설명한 것처럼,

대용량의 데이터를 컴퓨터가 스스로 분석하고 학습해 인간이 하는 일들을 대신해 내려면, 결국 인공지능에 학습시킬 만한 데이터가 먼저 필요하기 때문이지요. 인공지능이 사람처럼 판단하려면 상상할 수 없을 만큼 많은 데이터가 필요하니까요.

인공지능과 함께 스키 타기를 배운다면?

인공지능은 인간보다 추론해서 답을 내는 능력은 여전히 떨어집니다. 하지만, 그를 보충하고도 남을 만큼 막대한 데이터를 빠르게 학습할 수 있습니다. 수많은 데이터를 척척 분리해서 공통점을 찾아, 일단 뭔가 할 수 있게 되면 그 분야에서는 인간 이상의 실력을 발휘하지요.

이 말은 무슨 뜻일까요? 인간은 전혀 배우지 못했거나, 혹은 아주 짧은 기간 동안만 배운 일도 스스로 궁리하면서 그 일을 어쨌든 해볼 수 있습니다. 썩 잘하든 못하든, 어쨌든 비슷하게 시도해 볼 여지가 있지요.

혹시 눈 위에서 타는 스키나 스노보드를 좋아하시나요? 저는 스키를 굉장히 좋아하고 꽤 잘 타는 편입니다. 가끔 주변 친구나 친지에게 강습해 주는 경우도 있습니다. 스키를 처음 타는 사람에게, 우선 기본 자세를 보여 주고, 그 자세의 의미를 몇 마디 설명해 준 다음, 눈 밭에 세워 봅니다. 이때 사람에 따라 차이가 있지만, 대부분은 하루 정도 열심히 배우면 이쪽저쪽 방향을 바꿔 가면서 눈 위에서 미끄러져 내려올 수 있습니다. 아주 감각이 좋은 사람은 처음 타는 순간부터 어느 정도 스키를 타며 내려오기도 하지요. 어찌 됐건 뭐든 금방 시도해 볼 수 있고, 적당한 수준까지는 금방 배울 수 있는 '만능성', 이것이 인간의 지능이 가진 최대 장점이지요.

반대로 현재 개발되어 있는 '약한 인공지능'이 장착된 로봇에게 스키를 가르친다고 생각해 봅시다. (물론 이 이야기는 하나의 예를 든 것입니다. 스키처럼 복잡한 것을 배울 수 있는 인공지능은 아직 개발되지 않았습니다. 스키 타는 모습을 어느 정도 흉내 낸 로봇은 본 적이 있고, 개발 중인 연구진도 있습니다만, 사람처럼 여러 가지 기술을 상황에 맞게 구사하며 능숙하게 스키를 탈 줄 아는 로봇은 아직 전 세계에 단 한 대도 없답니다.)

이 경우에는 어떻게 인공지능에게 스키를 가르쳐야 할까요? 자세히 뜯어보면 인간에게 스키를 가르칠 때와 비슷합니다. 일단 몇 가지 원리를 설명해 주고, 시범을 보인 다음에 스스로 연습해 보는 방법의 순서이지요. 그런데, 인공지능 로봇이 과연 하루 사이에 '미끄러져 내려오는 수준'까지라도 좋으니 스키를 탈 수 있게 될까요?

이런 일은 현재 인류의 기술로는 불가능합니다. 교육의 순서 자체야 비슷하지만, 그 과정이 인간에게 스키를 가르칠 때와 완전히 다르기 때문입니다. 먼저 제대로 된 컴퓨터 언어로 스키의 원칙과 물리적 원리를 모두 가르쳐 주어야 합니다. 그러니 짧아도 수개월, 길면 수년 이상의 개발 기간이 필요하겠지요.

그 다음 단계로, 수많은 스키 강사나 선수들의 동작을 데이터로 만들어 넣어 주어야 합니다. 이때부터는 정말로 기하급수적인 속도로 실력이 붙기 시작할 겁니다. 인공지능은 이미 일반적인 스키어 수준을 넘어서게 됩니다. 아마 정상급 스키 실력을 가진 사람만이 상대할 수 있을 것입니다. 그리고 이 단계마저 넘어서서 인공지능이 '자기 학습, 혹은 강화 학습' 단계에 들어서면, 이때부터 이야기가 전혀 달라집니다.

인공지능도 사람처럼 시행착오를 통해 배울 수 있습니다. 스스로

스키 동작을 가다듬기 위해 데이터를 하나씩 만들어 비교해 봅니다. 간단한 컴퓨터 게임의 경우, 엄청나게 빠른 속도로 배워 하루 사이에도 실력이 기하급수적으로 늘기도 합니다. 하지만 스키 같은 경우는 쉽지 않겠지요. 어쨌든 그럼에도 일단 자기 스스로 배우기 시작한 이상은 인간보다 월등히 빠른 속도로 학습할 수 있습니다. 인공지능은 한 번 배운 것을 잊어버리지 않고, 또 여러 대의 로봇을 이용해 얻은 시행착오를 모두 종합할 수 있습니다. 이렇게 되면 실력이 급속도로 좋아지겠지요.

이 단계가 되면 아무리 오랫동안 스키 연습을 한 사람이라 해도, 혹은 선천적으로 대단히 뛰어난 운동 신경을 타고난 정상급 스키 선수라고 해도, 인공지능을 가진 로봇 스키 선수를 이길 수 없게 됩니다. 이 사실은 인공지능의 역사가 증명합니다. 체스는 물론이고 바둑, 의료 진단, 컴퓨터 게임, 포커 등 이미 수많은 분야에서 인간은 인공지능보다 실력이 한참 떨어집니다. 인간이 상상할 수 없을 만큼 많은 데이터를 모으고 분석해 자신의 실력을 늘려 나가는 일. 그래서 그 분야만큼은 숙련된 인간보다 훨씬 일을 잘 해내는 존재가 바로 (약한) 인공지능입니다.

지금까지 이런 일들은 인간만이 해왔기에 큰 문화적 충격으로 받아들이는 경우가 많지요. 그러나 이것은 인류의 역사 이래 당연한 일이기도 합니다. 굴삭기가 개발된 이후, 사람이 삽을 들고 아무리 열심히 일해도 굴삭기보다 많은 땅을 파지는 못합니다. 이런 육체 노동이, 이제는 인간만이 해오던 스포츠, 게임, 지적 활동 분야로까지 넘어온 것입니다. 이것은 대단히 큰 변화이고, 앞으로 사회의 모습을 큰 폭으로 바꿀 열쇠가 될 것입니다. 이것을 충격으로 받아들여 기계에 반발하느냐, 적극적으로 수용해 미래 사회의 리더가 되느냐는 반드시 생각해 볼 문제이지요.

미래를 바꾸는 '데이터의 가치'

앞서 든 예를 볼 때 인공지능이 독보적으로 발달하려면 무엇이 필요할까요? 바로 인공지능을 가르칠 수 있는 '데이터'가 있어야 합니다. 여기서 말하는 데이터란 인공지능의 실력을 키우는 데 필요한 자료를 뜻합니다. 여기서 잠시 짚고 넘어갈 것이 있습니다. 이때의 '데이터'를 흔히 말하는 '빅데이터 분석'에 쓰는 '데이터'와 혼동하는 경우를 자주 봅니다.

빅데이터 분석이란, 인터넷에 쌓인 짐짓 의미 없어 보이는 방대한 자료를 분석해, 지금까지 알지 못한 사실을 알아내는 새로운 예측 기법입니다. 예를 들어 사람들이 의미 없이 SNS(소셜네트워크서비스)를 주고받은 숫자만 분석하면 어느 지역이 가장 컴퓨터 보급률이 높은지를 알아낼 수 있는 식입니다. 이를 통해 다양한 연구가 이뤄지고 있기도 합니다. 이런 분석 과정에 인공지능이 투입된다면 더욱 의미 있는 결과를 얻을 수 있을 것입니다. 이렇게 확보한 빅데이터 자료가 인공지능의 학습에 도움이 될 여지도 물론 있습니다. 하지만 '빅데이터'와 인공지능을 가르치는 '데이터'는 차이가 있다는 사실을 알고 넘어가야 할 것 같습니다.

앞서 등장한 소설에서 집안 전체를 제어하는 인공지능은 주인공 남자가 소파에 앉는 순간부터 그 사람의 존재를 알아챘습니다. 이것은 소파에 앉은 사람의 체중과 앉은 습관, 키와 앉은키 같은 데이터를 미리 알고 있기 때문에 가능한 것입니다. 사람의 체온이 미묘하게 변했을 경우, 그 사람의 욕구 분포가 어떻게 변할지를 확률적으로 학습해 그 정보도 알고 있습니다.

그렇다면 이런 데이터를 사람이 복잡하게 일일이 입력해 줘야 할까요. 과거에는 분명히 그랬습니다만, 앞으로는 그럴 필요가 거의 없습니다. 인공지능은 소설 속 주인공(사람)의 행동을 관찰하는 것만으로도 이런 데이터를 스스로 만들어 내고 계속 관리할 수 있으니까요.

여기서 말씀드리려 하는 바는 인공지능과 시합을 벌여 이기자는 것도, 인공지능이 배울 수 없는 분야로 뛰어들어 직업 안정성을 찾아보자는 것도 아닙니다. 인공지능과 함께 살아가야만 하는 사회라면, 인공지능이 무언가 배우고, 인간에게 무언가를 서비스하고, 어떤 일을 인간 대신 해나가기 위해 바로 수많은 '데이터'가 필요하다는 사실을 이해해야 한다는 것입니다.

이것은 매우 기본적인 원칙이지만 많은 분들이 간과하는 일이기도 합니다. 인공지능은 형태가 어떻든 컴퓨터 안에서 돌아갑니다. 그 말인즉슨 인공지능에게는 데이터라는 '연산 장치를 통한 숫자 계산으로 치환할 수 있는 어떤 것'이 반드시 필요하다는 의미입니다.

미래를 살아갈 우리는 이런 데이터의 가치와 형태를 꼭 이해할 필요가 있답니다. 고성능의 인공지능을 새롭게 만들기 위해서는 어떤 데이터가 필요하고, 이를 어떻게 인공지능에게 알려 주어야 하는지를 알아야 합니다. 또한, 인공지능에게 필요한 데이터는 무엇이고, 그중 인간만이 만들 수 있는 데이터는 무엇인지에 대한 차이를 빠르고 정확하게 인지해 내는 능력이 더 중요해집니다. 미래는 그러한 사회가 되고 있다는 사실을 여러분이 반드시 이해해야 합니다.

**'통신 기능' 없이는
인공지능 사회도 없다**

안타깝게도 큰 사고, 혹은 각종 질병에 걸려 신경계에 손상을 입은 분들을 간혹 만납니다. 이분들은 완전하게 정상 지능과 사고 능력을 가졌지만, 사지를 제대로 움직이지 못하시지요. 부상이 심한 분들은 눈꺼풀이나 호흡 기능 정도만 움직일 수 있고, 그 외 나머지 신체를 완전히 통제하지 못하는 분도 있답니다. 이런 경우는 지능과 관계없이 아무 일도 하지 못하지요. 누구 못지않게 올바른 정신과 지능이 있음에도 정상적인 사회생활을 할 수 없지요. 이런 분들을 뵐 때마다 정말로 가슴 아플 때가 많습니다.

기계 역시 사람과 마찬가지입니다. 인공지능 기술이 아무리 발전한다고 해도, 이 인공지능과 현실 사회의 각종 첨단 기기를 연결해 줄 어떤 것, 즉 인공지능의 신경계가 되어 줄 '통신 기능'의 발전이 반드시 뒤따라야 한답니다.

앞서 나온 짧은 소설(?)에서 중요하게 생각해야 할 부분이 하나 있습니다. 바로 전자 기기 간의 통신입니다. 가정용 로봇은 물론 TV도, 천장의 조명도, 심지어 소파와 냉장고까지도 한 몸인 것처럼 신호를 주고받으며 연결돼 있지요. 마치 집 전체가 살아 있는 것처럼 움직입니다. 소파에 숨어 있는 작은 센서는 내가 앉아 있는지, 누워 있는지, 다리를 꼬고 있는지를 확인합니다. 집안 곳곳에 숨은 센서는 내가 열이 나는지, 졸린 상태인지 알아봅니다. 집안 곳곳에 설치된 마이크를 통해 내 목소리를 알아듣지요.

이런 각종 신호들이 무선 전파 통신과 유선 케이블을 타고, 가정통제용 인공지능과 집안 곳곳에서 원활히 신호를 주고받을 수 있어야만 비로소 가정 내 서비스가 가능해집니다.

컴퓨터와 주변 기기, 혹은 주위의 또 다른 컴퓨터를 연결하는 통신 기능으로 지금까지 많은 것들이 개발됐습니다. 인터넷 유선 케이블 UTP로 연결하기도 하고, 유니버설시리얼버스USB 포트를 이용하기도 하지요. 흔히 '와이파이'라 부르는 무선 인터넷을 이용하기도 합니다. 근거리 무선 연결 기술로 블루투스, 지그비 같은 것들도 개발되어 쓰입니다. 이뿐이던가요, 유선 통신 기능도 빼놓아서는 안 된답

| 인터넷 유선 케이블 UTD | 유니버셜시리얼버스포트 USB포트 | 블루투스 | 와이파이 |

니다. 화면을 모니터로 송출하기 위한 기술도 HDMI니 DVI니, 혹은 디스플레이포트DP니 해서 굉장히 여러 종류가 있습니다. 컴퓨터 본체 내부에서는 하드 디스크 드라이브HDD 혹은 솔리드 스테이트 드라이브SSD를 연결하기 위한 'SATA'라는 연결 방식이 있습니다.

컴퓨터 한 대를 뜯어보면 그 안에 든 각종 유선 통신 규약만 해도 수십 가지 이상이 쓰인다는 사실을 알게 되지요. 사실 연산을 하는 CPU에 정보를 일차적으로 저장해 두는 메모리와 신호를 주고받는 것도 통신 기능의 일부입니다. 컴퓨터란 물건은 결국 수없이 많은 통신 기술이 얽히고 얽혀 만들어진 하나의 시스템입니다. 사람들이 컴퓨터, 혹은 그와 비슷한 기능을 하는 모든 전자 기기들을 '정보 통신 기기'라고 부르는 것도 이런 까닭입니다.

이런 통신 기술들은 모두 현재까지 실용화에 성공한 훌륭한 기술들이며, 저마다 장단점이 있습니다. 하지만 앞서 소설에 나온 것처럼 완벽하게 동작하는 통신 기능을 구현하려면 아직 부족한 점이 너무도 많답니다.

예를 들어 와이파이 기술은 너무나도 혼선이 잦습니다. 본래 와이파이는 과학 기술 연구에 쓰라고 전파 주파수 일부를 누구나 쓸 수 있도록 허용해 둔 영역입니다. 그런데 너도나도 이 분야에 들어와서 사용하고 있습니다. 사람이 많은 곳에서는 와이파이가 수십 개 검색되기도 합니다.

와이파이는 거리가 멀어지거나 중간에 장애물이 있으면 통신이 끊어지는 경우가 많습니다. 꺼져 있던 기기가 새로 켜지면서 통신에 연결되기까지 시간이 많이 걸리는 것도 문제입니다. 원하는 타이밍에 제대로 연결돼 있지 않는 경우도 자주 봅니다.

저도 사무실에서 무선 인터넷 접속이 자꾸 끊어져 일하다가 답답한 적이 많답니다. 이러다가 애써 작성한 문서가 사라지기라도 하면 정말 화가 나는 일이지요. 그러다 보니 참다못해 스마트폰을 케이블로 연결해 개인용 휴대전화 네트워크, 즉 '테더링' 기능으로 일하는 경우가 왕왕 있습니다. 반대로 길을 걷다가 갑자기 스마트폰이 먹통이 되고 데이터 검색이 되지 않아 살펴보면, 생각지도 않은 와이파이 신호가 자동으로 연결돼 도리어 원활한 동작을 방해하는 경우도 거의 매일 경험한답니다.

한편, 스피커나 이어폰 등을 주로 연결하는 데 쓰는 '블루투스' 기술도 있어요. 이 기술은 통신 속도가 썩 빠르지 못하고, 원치 않는 타이밍에도 자동으로 연결되는 등 불편한 경우가 적지 않지요. 블루투스와 비슷한 지그비ZigBee 기술은 연결 응답 속도가 빠르고 비교적 확실해서 최근 가정용 전자 제품의 제어 목적으로 종종 쓰입니다만, 낮은 통신 속도가 문제입니다.

미래에 더 중요해지는 통신 기술

사람들은 흔히 컴퓨터를 만드는 기술이 전자 공학, 즉 정밀한 전자 부품 소재를 만드는 것뿐이라고 생각합니다. 하지만 실제로 컴퓨터는 '정보화 기기'의 대표적인 발명품 중 하나입니다. 다시 말해, 컴퓨터는 정보를 만들고, 가공하고, 저장하고, 다른 곳과 연결해 전송하는 일련의 과정을 처리하므로 통신의 목적으로도 쓰일 수 있다는 겁니다. 현재 쓰는 컴퓨터 시스템조차 이럴 정도인데, 컴퓨터 스스로 업무를 처리하는 인공지능 시대에서는 어떠할까요? 통신 기능이 한층 더 중요해질 것이 자명합니다.

지금까지는 컴퓨터(혹은 컴퓨터의 원리를 따른 기기)가 아닌 기계 장치는 제대로 된 통신 기능이 없었습니다. 제한적인 연결 기능만 있었지요. 예를 들어, 라디오나 TV는 방송국의 전파를 일방적으로 수신할 뿐인 것처럼요.

컴퓨터끼리만 통신망을 구성할 수 있고, 그 통신망에 수많은 컴퓨터가 뛰어들며 점점 확장되어 왔습니다. 이것이 바로 '인터넷'입니다. 최근에는 그 컴퓨터의 형태가 작아지고, 들고 다니기 편해지면서 '스마트폰'이라 불리기 시작했지요.

스마트폰은 4세대LTE, 5세대5G 같은 무선 데이터통신망을 이용해 인터넷의 큰 축으로 자리 잡았습니다. 이제 언제 어디서든 필요한 정보를 검색하고, 또 사용자 스스로 여러 글과 사진, 영상, 소리 같은 다양한 자료를 인터넷에 올려 주고받을 수 있게 되었지요.

요즘 대화형 인공지능 제품이 부쩍 인기를 끌고 있습니다. 미국에서는 기업체 아마존이 개발한 인공지능 스피커 시스템 '알렉사'가 큰 돌풍을 몰고 있습니다. 스마트폰에도 이것을 흉내 낸 '시리'나 '어시스턴트', '빅스비', '네온' 등의 기능이 탑재돼 있지요. 요즘에는 이 기능을 챗GPT와 같은 첨단 인공지능 기술과 접목해 성능을 한층 더 높이려는 시도도 이어지고 있습니다.

물건끼리 소통을 한다고?
사물인터넷

이런 흐름을 타고 사물인터넷internet of things, IoT이란 단어가 등장했습니다. 사물인터넷은 다양한 전자 기기를 제어할 인공지능 컴퓨터 시스템을 도입하는 것을 말합니다. 가정의 경우, 이 시스템이 냉장고나 세탁기, 공기 청정기, TV 같은 모든 가전 기기를 통합해 제어하는 것이지요. 각종 가전제품부터 사물인터넷이 시도되고 있지만, 아직 완전히 통합되기에는 부족해 보입니다. 그래도 사람들은 꾸준히 관련 서비스와 제품을 개발 중이랍니다.

제대로 된 사물인터넷 기능을 완성하려면 지금보다 훨씬 차원 높은 제어 기능이 필요합니다. 지금은 사람의 음성 명령을 알아듣고 TV를 켜고, 개인 취향에 맞는 TV 프로그램 정도를 소개해 보여 줄 뿐입니다. 하지만 더 먼 미래에는 앞서 소설에 나온 것처럼 TV가 몇 시간 켜져 있었고, 어떤 프로그램을 누가 시청했는지와 같은 다양한 정보를 가정용 인공지능이 확인하고 서비스에 계속 반영해 나갈 수 있어야 합니다. 그러기 위해서는 TV와 인공지능이 서로 필요할 때 언제든 접속되는 통신 규약의 발전 역시 뒤따라야 하지요.

우선은 가전 기기를 중심으로 사물인터넷 시장이 열리고 있습니다. 하지만 사실 사물인터넷이라는 말은 본래 더 넓은 의미에서 쓰입니다. 더 미래로 나아간다면 이제는 평소에 전자 제품이라고 생각지 않던 물건까지 네트워크로 묶이게 됩니다.

앞서 소설에서 저는 집안에 있는 소파, 냉장고 같은 가정용품을 예로 들었습니다. 이처럼 이 기능은 앞으로 사람이 손으로 만지고 사용하는 모든 기기로 확대될 수 있습니다. 침대가 건강 관리 기능을 갖게 되고, 칫솔이 이 닦는 습관을 체크해 주는 도구가 될 수 있습니다. 휴지통은 '분리수거를 제대로 하지 않았다'거나 '가득 찼으니 화요일에 내다 버려야 한다'고 알려 주게끔 만들 수 있습니다.

이런 기능이 생기면 제품의 가격이 많이 비싸지지 않을까 하는 걱정은 하지 않아도 좋습니다. 어느 정도 가격이 오르긴 하겠지만 기존

제품과 크게 차이 나지 않는 저가 제품을 만드는 방법도 연구 중이니까요. 또 높아진 가격만큼 그 가치를 충분히 활용할 방법도 생길 테니 사물인터넷 제품을 사용하는 사람은 점점 더 많아지겠지요.

최근에는 최소한의 센서 기능과 무선 통신 기능을 넣은 초소형 칩셋을 연구하는 곳이 많답니다. 이런 칩셋은 아주 싸게는 몇십 원 정도까지도 가격을 낮출 수 있지요. 손톱보다 작은 이 센서는 어디든 들어갈 수 있습니다. 내 체중을 알아내는 소파를 만들려면 압력 감지 센서가 붙은 칩셋을 바닥 쿠션에 넣으면 됩니다. 집이 어두운지 자동으로 알아내는 기능을 조명 장치에 넣으려면, 빛에 반응하는 감광 센서 기능이 붙은 칩셋을 눈에 보이지 않는 곳에 붙이면 그만이지요.

상상해 보십시오. 이런 센서들이 안경, 머그잔이나 책상 등 어디에나 들어가는 겁니다. 그리고 그 모든 것이 무선(혹은 일부 유선)으로 연결되어 집안 전체에 들어가는 세상, 그 수많은 기기들이 일체의 혼선 없이 동작하는 세상이 된다면 생활은 얼마나 편해질까요. 이 기술적인 숙제를 넘어야만 4차 산업혁명이 완성될 수 있을 거예요. 미래 사회에는 당연히 이런 통신 기능을 개발할 수 있는 사람, 혹은 이런 통신 기능을 완벽하게 이해하고 활용하는 사람이 대우받게 될 것이랍니다.

인터페이스 기술,
인간과 기계를 연결하다

여기서 또 간과해서는 안 될 분야가 있습니다. 바로 컴퓨터 등 정보화 기기와 인간을 연결하는 '인터페이스' 분야이지요. 컴퓨터 같은 정보화 기기 사이의 연결뿐만 아니라, 인간과 기계의 연결은 그 이상으로 중요합니다.

여기서 인터페이스 기술이란 사람이 컴퓨터 기기를 어떻게 하면 더 편리하게 잘 사용할 수 있을지를 고민해서 만든 '사용 편의성'을 위한 기술을 말한답니다. 예를 들어 2000년대 초반에 출시되던 구식 정보 단말기는, 지금의 스마트폰처럼 손가락으로 터치를 할 수 없었습니다. 그러니 화면 밑에 큰 자판을 붙여 두고, 마우스 기능을 하는 아주 조그마한 버튼을 붙여 두었지요. 지금 생각하면 쓰기에 아주 불편하고 비효율적입니다만, 그 시절에는 화면 터치를 지금처럼 쉽게 할 수 있는 인터페이스 기술이 없었기 때문에 어쩔 수 없었던 것입니다.

앞의 소설(?)에 등장한 기능 하나하나를 제각각 개발한 사례는 지금까지 많았습니다. 최근 수년 사이에 보편적으로 쓰는 첨단 기기들도 사실 과거에 한두 차례씩 개발됐던 적이 있었습니다. 이를테면, 삼성은 세계 최초로 손목시계형 휴대 전화를 개발한 바 있어요. 스마트폰과 비슷한 기능을 하는 PDA라는 장치도 개발되어 쓰인 적이 있습니다. 하지만 시장에서 성공하지 못하고 사라지고 말았지요.

그 이유는 대부분 인터페이스, 즉 제품의 사용성을 잘 고려하지 못했기 때문입니다. 실제로 정보 단말기의 성공 여부는 조작성이 얼마나 우월한지에 달려 있습니다. 애플이 스마트폰의 대중화를 이뤄 낸건 최초로 스마트폰 개발에 성공했기 때문이 아닙니다. 애플이나 삼성이 과거에 완벽하게 실패한 손목형 컴퓨터를 제품으로 만들어 내는 데 성공한 건 인터페이스 기술의 발전 때문이라고 해도 과언이 아닙니다.

그렇다면 어떤 인터페이스 기술을 사용했을까요? 애플의 성공 요인으로 좁은 스마트폰 화면에서 화면 출력과 정보 입력을 동시에 할수 있도록 만든 터치스크린Touch screen 기술, 목소리로 컴퓨터 조작이 가능한 음성 인식 기술의 발전 등을 꼽습니다. 음성 인식 기술은 아직까지 주된 정보 입력 수단은 아니지만, 휴대용 기기에서는 더 매력적인 요소가 되고 있습니다.

기계와 인간의 대화 방법, 역대 인터페이스 기술 살펴보기

지금까지 컴퓨터 기기와 인간을 연결하는 인터페이스 중 가장 대표적인 것은 '키보드'와 '마우스'였습니다. 초창기에는 사람이 글자를 입력하는 키보드가 컴퓨터와 소통하는 방법의 전부였답니다. 이를테면 인간이 키보드로 프로그램 언어를 짜고, 명령어를 입력해 컴퓨터에게 일을 시킵니다. 그에 따라 컴퓨터가 어떤 결과를 내면 모니터로 확인했지요. 필요할 경우에는 프린트를 하기도 했지만 어디까지나 기본은 '키보드로 입력한 명령어를 모니터로 출력한다'는 순서에서 벗어나지 못했답니다.

이후 스티브 잡스가 개발한 애플 컴퓨터는 세계 최초로 마우스를 도입했습니다. 애플 컴퓨터는 컴퓨터 화면에 명령어를 입력하지 않고, 작은 그림(아이콘)을 선택해서 만드는 '그래픽 유저 인터페이스 GUI'를 처음으로 사용하게 만들었지요. 그것만으로 당시 대단한 혁명을 이끌어 냈습니다. 아이콘 클릭으로 컴퓨터를 조작할 수 있으니, 누구나 손쉽게 컴퓨터를 배울 수 있게 된 것이지요. 사람들이 컴퓨터로 그림도 그리고, 작곡도 하고, 영화도 만드는 세상이 되었지요.

애플은 여기서 한발 더 발전해 컴퓨터를 손에 들고 다닐 만큼 작게 만드는 것을 고민했습니다. 키보드조차 없애 화면 위에서 입력하게 만들면 어떨까를 생각한 것이지요. 그렇게 태어난 물건이 바로 스마트폰입니다. 하지만 아직도 사람은 키보드를 많이 사용합니다. 스마

문자 입력창과 키보드로
명령어 입력하는 인터페이스

GUI로 된 모니터에 마우스로
클릭하는 인터페이스

스마트폰 화면에 터치하고
음성으로 말하는 인터페이스

트폰 역시 가상의 키보드를 주로 사용해 조작합니다.

요즘 음성 인식이 인기를 끌고 있습니다만, 제대로 인식을 시키려면 답답하고 오류가 많아 이걸 주로 사용하는 사람은 별로 없지요. 앞서 말씀드렸듯이, 제대로 된 음성 인식을 완성하려면 (현재 수준에서 볼 때) 고성능 인공지능 기술이 들어가야 합니다. 그런데, 여기까지 완벽하게 해낼 수 있는 기술력을 가진 곳은 아직도 찾기 어렵답니다.

미래가 된다고 해도 진짜 완벽한 인공지능 기술이 등장할 거라고 보긴 어렵습니다. 이것은 인간의 뇌 기능이 완전히 규명된 머나먼 미래가 되어서야 그 성공 여부를 가늠해 볼 수 있겠지요. 하지만 약한 인공지능이 등장해 인간이 컴퓨터에게 일을 시킬 수 있는 여지는 점점 넓어질 것입니다. 사람이 컴퓨터에게 일을 시키려면, 인간과 컴퓨터가 서로 연결될 수 있는 다양한 방법, 즉 인터페이스가 한층 중요해질 것입니다.

컴퓨터는 매우 일부분이지만 사람의 말을 알아듣고 일해야 하니 음성 인식 기술의 정밀성과 중요도가 매우 높아질 것입니다. 사람이 손으로 슥슥 그린 스케치도 알아보고, 주변 사물을 보고 판단해 자율 주행차를 운전도 해야 하므로 화상을 해석해 인간과 소통하는 화상 해석 기술도 발전하게 될 것입니다.

인간의 뇌와 기계가 직접 소통하는 기술이 있다고?

인터페이스 기술 중 최상위로 꼽히는 기술이 있습니다. 바로 생각만으로 각종 컴퓨터 장치를 직접 조작하게 만드는 '인간-컴퓨터 연결 기술HCI', 또는 '두뇌-컴퓨터 연결 기술BCI'입니다. 인간의 뇌를 인공지능 로봇 속에 넣은 주인공이 스스로 인간인지, 로봇인지의 정체성을 갈등하는 내용의 일본 애니메이션 '공각기동대'에서 그려지기도 했지요. 이 만화는 큰 인기를 끌고, 2017년에 할리우드 영화로 재탄생되어 개봉되었습니다.

하지만 실제로 이런 기술이 실용화 단계에 도달했다고 보기는 어렵습니다. 간혹 영화를 보면 인간의 내면 깊숙한 곳에 있는 기억이나 성격까지 컴퓨터로 다운로드하는 설정이 나옵니다. 일부 전문가들은 외국어를 하루 이틀 사이에 배울 수 있는 세상이 곧 도래할 것처럼 예측하기도 합니다. 하지만, 이 정도의 단계는 현실적으로 아직 불가능하답니다. 인공지능 이야기를 할 때 말씀드린 것처럼, 인간의 뇌에 대한 비밀이 아직 완전히 풀리지 않았기 때문이지요.

하지만 뇌에서 생기는 아주 단순한 신호를 가로채는 것은 가능합니다. 예를 들어 사람이 팔다리를 움직이고 싶다고 생각했다면, 그때는 뇌에서 신호가 생겨나겠지요. 이 원리를 이용하면 사고로 팔다리를 잃은 사람이 로봇 의족이나 의수를 연결했을 경우, 이 장치들을 생각만으로 움직이게 만드는 일 정도는 현실에서도 가능하다고 봅니다. 여기서 약간만 더 나아간다면 입으면 힘이 세지는 웨어러블 로봇(의복처럼 입는 로봇)이나 전투기 등을 생각만으로 조종하는 세상도 올 것입니다.

이런 식으로 뇌 정보 일부를 가로채는 기술은 꽤 진전이 되고 있습니다. 이를테면 뇌의 혈류 변화를 읽어 내는 fMRI 기술, 뇌신경에서 발생하는 미세 전기를 읽어 내는 EEG 기술, 뇌에서 발생하는 미세자기 정보를 읽어 내는 뇌자기장(뇌자도) 등도 존재하지요. 근적외선을 이용해 뇌 표면 상태를 살펴보는 기술도 있습니다. 동물의 두개골을 열고 뇌 표면에 금속 바늘을 실제로 찔러 넣는 방법도 있습니다. 이 방법도 EEG와 마찬가지로 뇌의 전기 펄스를 읽어 내기 위한 방법입니다만, 뇌에서 직접 신호를 읽어 내니 가장 확실한 방법 중 하나로 꼽힙니다. 하지만, 뇌에 바늘을 꽂아야 하니 뇌 수술을 해야 합니다. 뇌 수술은 일부 동물 실험에서는 이미 성공한 방법이지만 만약 잘못되면 큰 후유증이 생길 우려가 있어 사람에게는 거의 쓰지 않습니다. 이와 같은 수많은 방법을 통해서 지금까지 알아낸 것도 적지 않지요.

그럼에도 이런 일에 도전을 하는 회사도 있습니다. 전기 자동차 회사 테슬라 최고경영자CEO로 유명한 '일론 머스크'는 두뇌 관련 기술을 연구하는 '뉴럴링크'라는 회사도 운영하고 있는데요. 2024년 1월 사람의 뇌에 칩을 이식하는 수술에 성공했다고 밝혔습니다. 생각만으로 다른 사람과 의사소통하고, 컴퓨터를 조작하는 것이 1차 목표라고 하는군요. 기억을 사이버 공간에 저장하고, 인공지능AI을 활용해 뇌의 한계를 뛰어넘는 초지능(슈퍼 인텔리전스)을 실현하겠다는 것이 머스크의 계획입니다. 머스크는 "팔다리를 쓰지 못하는 사람이 생각만으로 휴대폰이나 컴퓨터 같은 모든 기기를 제어할 수 있게 할 것"이라고 발표했지요.

이런 기술이 계속 발전한다면, 인공지능이 사람의 생각을 알아채 거기에 맞게 일하는 세상이 열리겠지요. 현재는 몸에 입는 컴퓨터, 즉 초소형 웨어러블 컴퓨터 장비가 대세가 될 거라고 예상합니다. 이처럼 인공지능과 인간의 교감이 점차 중요해지는 사회에, 이런 차세대 인터페이스 기술의 필요성은 점점 높아질 것입니다.

로봇 기술로
4차 산업혁명 사회를 '완성'하다

4차 산업혁명을 흔히 '소프트웨어 혁명'이라고 부르는 이들이 많습니다. 인공지능으로 고차원적인 소프트웨어 기술이 대세가 될 것은 자명해 보이기 때문입니다. 한편 4차 산업혁명 시대의 핵심으로 로봇 기술 역시 빠지지 않고 언급됩니다. 그렇다면 여기서 궁금한 점이 하나 생깁니다. 소프트웨어가 가장 주목받는 사회에, 왜 사람들은 기계 장치, 즉 하드웨어 분야인 로봇 기술에 주목하는 것일까요?

소프트웨어라는 말의 의미가 매우 복잡한 것은 사실입니다만, 아주 좁은 의미에서 보면 뭔가 일을 하기 위해 인간, 혹은 인공지능이 컴퓨터 시스템에 내릴 명령어를 나열한 것에 불과하지요. 결국 소프트웨어 기술이란, 인간이 기계 장치에게 일을 시키기 위한 논리적 과정입니다.

지금까지 우리는 컴퓨터 시스템을 이용해 일해 왔습니다. 사실 이 과정을 기술적으로만 뜯어보면 글자나 그림, 영상 등을 표시해 보여 주는 것이 대부분입니다. 일단 컴퓨터 시스템은 그래픽 카드라는 부품에 명령을 내리고, 이 그래픽 카드는 다시 열심히 일해서 눈으로 볼 수 있는 정보, 즉 온갖 시각적 정보를 모니터 화면에 표시해 주지요. 뭐 경우에 따라서 사운드 카드에게 명령해 스피커를 통해 소리가 나게 만들거나, 프린터 장치 명령을 내려 인쇄를 하는 일도 있습니다. 이런 일은 매우 보조적인 기능이며, 정보화 단말기를 사용한다는 건 모니터 화면에서 보여 주는 시각 정보를 활용하는 일이 대부분이지요.

스마트폰은 뛰어난 휴대성으로 우리가 언제 어디서나, 길을 걸으면서도 정보화 기기를 쓸 수 있게 만들어 주었습니다. 스마트워치는 이보다 한 발 더 나아가 스포츠 활동을 하면서도 사용할 수 있게 해 주었지요. 허나 이 두 가지 다 결국 디스플레이 장치로 보여 주는 정보를 사람이 눈으로 보면서 '소비'하는 데 집중합니다.

4차 산업혁명 시대의 특징은 이런 한계가 사라진다는 데 있습니다. 앞의 소설에서 그려진 것처럼 집안의 조명, TV, 소파, 정수기와 주방용 로봇에도 소프트웨어로 명령을 내려 자동으로 움직이기 시작합니다. 이런 명령을 인간이 내리는 것이 아닙니다. 인공지능이 인간을 위해 판단을 내리고 자잘하고 복잡한 명령을 대신하는 세상이 온 것입니다.

소프트웨어 기술의 급진전으로 지금까지 소프트웨어로 하던 전통적인 일, 즉 디스플레이로 보여 준 '시각 정보 단말기'의 한계를 뛰어넘는 단계로 도달하게 됩니다. 다시 말해 소프트웨어로 조작할 수 있는 각종 기계 장치의 발전, 이른바 '로봇'의 발전 속도가 빨라지게 됩니다. 결국 로봇 기술에 대한 이해도가 높은 사람, 로봇을 개발하고 자유롭게 이용할 수 있는 사람이 4차 산업혁명 시대에 적합한 사람이라고 이야기할 수 있답니다.

우리가 원하는 로봇은 무엇일까?
사람과 협업하는 로봇

로봇이란 말이 처음 등장한 건 수십 년도 더 전의 일입니다. 지금도 로봇은 산업화 공장 등에서 계속해서 쓰이고 있지요. 하지만 과거에 로봇이라고 부르는 것과, 현대에 로봇이라고 부르는 것은 큰 차이가 있습니다. 과거의 로봇은 정해진 업무를, 정해진 순서대로, 정해진 장소에서 하는 자동화 장치의 일부였습니다. 이해를 돕기 위해 한 번 예를 들어 볼까요.

① 컴퓨터를 통해 명령을 받은, 집게손이 달린 로봇팔이 어떤 위치로 움직여서

② 집게손을 한 번 움켜쥔 다음

③ 팔을 다시 다른 위치로 움직여서

④ 집게손을 편다

이런 정해진 동작을 차례대로 하게끔 순서를 정해 주는 것입니다. 그러면 어떻게 될까요. 주변에 아무것도 없다면 로봇은 같은 동작을 의미 없이 반복합니다. 하지만 공장 안에서 원하는 물건이 정해진 곳에, 정확한 시간에 놓이기만 한다면, 순서대로 물건을 척척 집어다 나르는 일을 잘하게 되겠지요. 이런 방법은 정확한 위치 정보를 계산해 제어하기 때문에 '컴퓨터 수치 제어CNC' 방식이라고 불렀답니다.

이런 방식의 로봇은 당연히 주변 환경을 인식하지 못합니다. 주위 사람이 있든, 예쁜 반려동물이 있든, 튼튼한 쇠기둥이 있든 상관하지 않습니다. 그저 강철로 된 로봇팔을 정해진 시간에, 정해진 힘으로 휙휙 휘둘러 댈 뿐이지요. 그러니 환경이 바뀌면 사고를 일으키거나, 고장이 나기도 합니다. 아마 공장 기계 장치를 잘못 다뤄 사고를 당하거나, 안타깝게 목숨을 잃은 사고에 대한 뉴스도 간혹 보았을 것입니다. 대부분은 로봇 장치의 성격을 이해하지 못한 사람들이 실수를

해서 벌어지는 일이었지요.

사람들은 보완책을 마련하기 시작했습니다. 로봇팔이 움직이는 구간 안에 열 감지 센서를 달고, 사람이 들어온다면, 체온을 감지해 즉시 작업을 멈추게 만드는 등 사고 위험을 줄이는 노력을 하는 것이지요. 이 정도 안전장치는 이제 어느 공장에서나 하고 있습니다. 옛날에는 커다란 칼로 종이 뭉치를 철컹 하고 잘라 주는 재단 기계 때문에 손가락을 크게 다치는 사람이 많았습니다. 하지만 요즘은 사람 손이 기계 안으로 들어가면 내려오던 칼날이 자동으로 멈추기 때문에 그런 일이 크게 줄어들었답니다.

이 정도만 해도 굉장히 좋아졌지만, 로봇의 모든 작업 환경을 사람이 구상하고, 미리 다 계획해야 한다는 점은 그대로였습니다. 이런 로봇에게 뭔가 일을 시키려면, 일단 로봇에 맞게 주변 환경부터 다시 만들어야 했지요. 그래서 로봇을 이용해 일을 제대로 하려면, 아주 규모가 큰 회사가 아닌 이상에는 어려웠지요.

현재로서는 로봇 기술을 극도로 잘 가다듬는다 해도, 일상생활 속에 로봇이 사람 대신 일을 해주길 기대하기는 굉장히 어렵습니다. 여기서 로봇에 바퀴가 달려 있거나, 두 다리를 움직여 걷거나 뛰는 것은 부차적인 이야기랍니다. 이것은 현재 로봇이라며 나온 세상의 수많은 물건들이, 과연 주변 환경을 얼마나 잘 인식하고 적절히 대응하는지, 스스로 넘어지면 몸을 추스르고 일어날 수 있는지, 자기가 망

가뜨린 주변 환경을 다시 정리할 수 있는지를 생각해 본다면 쉽게 알 수 있습니다.

지금까지는 이런 문제를 해결하기 위해 사람이 다양한 방법을 동원해야 했습니다. 많은 이들이 어떻게든 전보다 더 주변 환경을 잘 인식하고, 더 주변 환경과 어울려 작업할 수 있는 로봇을 만들기 위해 노력해 왔습니다. 'A라는 상황에 부딪치면 B처럼 해결하라'는 식의 해법을 작업 순서와 주변 환경에 대한 대응 방법까지 사람이 다 지정해야 하니 매우 어렵고 힘들었지요. 사실상 사람이 모든 변수를 다 생각해 낼 수도 없어서 완벽한 해결책이 되지도 못했습니다. 그러다 보니 단순히 빈 공간을 찾아 이리저리 돌아다니기만 하면 되는 로봇 청소기도, 하루에 한두 번은 꼭 구석진 공간에 들어가 길을 못 찾고 윙윙거리고 있는 걸 보게 됩니다. 더 복잡한 로봇이 되면 이 문제는 훨씬 큰 벽으로 다가옵니다.

로봇 기술이 새로 개발되면 가장 먼저 도입되는 곳이 어디일까요? 주로 공장이랍니다. 공장은 물건을 만들어 돈을 버는 곳이라, 로봇의 값이 비싸더라도 필요하다면 살 수 있습니다. 한 번만 사면 계속 돈을 버는 데 도움이 되니 적극적으로 구매하는 사람이 많기 때문이지요.

그러나 더 큰 이유는, 공장은 주변 환경을 로봇이 일하는 데 꼭 맞도록 꾸며 줄 수 있기 때문입니다. 공장 밖에 나온 로봇은 다른 곳에서는 일하기 어렵지요. 공장 내부를 꾸밀 때도 사람이 일하는 공간과 로봇이 일하는 공간을 완전히 구분해 놓는 경우가 많습니다. 왜냐하면 사람이 동작 중인 로봇 주위를 돌아다니는 것은, 로봇 입장에서 보면 주변 환경이 대단히 자주 변하고 있는 것입니다. 사람은 일하다가 옆에서 일하는 동료의 움직임에 방해되지 않도록 피해서 움직이거나, 잠시 정해진 업무 순서를 벗어나 일하기도 합니다. 서로 어깨라도 부딪히면 힘을 빼고 한 발 물러서서 부상을 피할 수도 있지요. 그러나 지금까지 개발된 로봇은 이런 점이 어려웠습니다. 공장에서 일해도 사람과 함께 일을 하기는 어려웠던 것이지요.

하지만 4차 산업혁명 시대가 되면서 이런 문제를 해결할 길이 보이기 시작했습니다. 인공지능을 비롯해 로봇을 제어할 수 있는 소프트웨어 기술이 빠른 속도로 발전해 나갈 전망이기 때문입니다. 처음에야 경험이 부족해 주변 환경에 올바르게 대응하지 못하겠지만, 다양한 첨단 소프트웨어 기술을 동원한다면 로봇이 주변 환경을 인식하고 스스로 올바르게 대응해 나가도록 만드는 길이 열릴 것입니다.

최근에는 사람이 일하는 공간에서 사람과 협업하는 로봇도 등장하기 시작했습니다. 옆에서 일하던 사람과 부딪히면 즉시 모터의 힘을 빼 사람이 다치지 않도록 배려합니다. 사람처럼 물건의 형태와 모습을 눈 대신 장착한 카메라를 통해 알아보기도 합니다. 옆자리에서 일하던 사람이 물건을 넘기면, 이것을 받아서 다음 작업을 합니다.

현재 이런 로봇을 만들 수 있는 회사는 몇 곳 되지 않습니다. 덴마

크의 유니버설 로봇, 스위스의 ABB, 일본 야스카와·카와다, 독일의
쿠카 정도가 이런 로봇을 만들고 있습니다. 로봇 기술 하면 제법 선
진국에 속하는 우리나라도 한국기계연구원이 주도해 위와 비슷한
'아미로'라는 로봇을 개발한 적이 있습니다. 이밖에 '레인보우로보틱
스'나 '두산로보틱스' 등의 회사도 협업 로봇 개발로 유명합니다.

4차 산업혁명 시대가 되면 이런 로봇이 더 발전해 군사용, 항공우
주용 특수 로봇으로 먼저 쓰일 것입니다. 더 많은 시간이 흐른다면
마침내는 우리 가정으로 들어오겠지요. 사람 대신 요리를 하고 설거
지를 하는 로봇이 생활 속으로 들어오는 만화 속 세상은 그리 멀지
않은 시기에 현실이 될 것입니다.

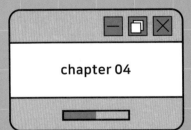

chapter 04

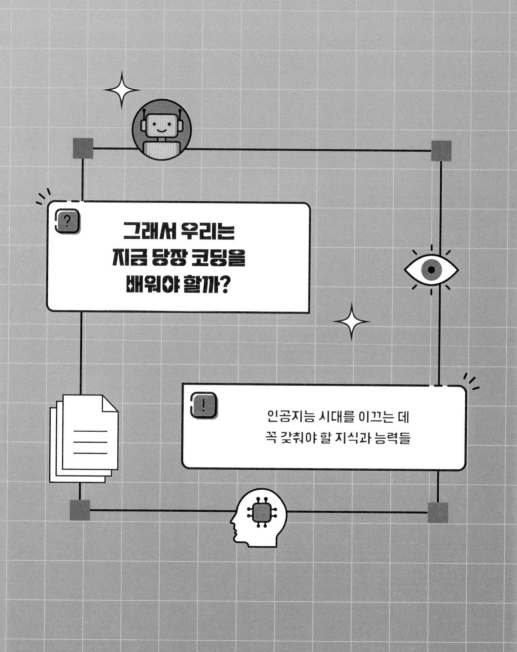

그래서 우리는
지금 당장 코딩을
배워야 할까?

인공지능 시대를 이끄는 데
꼭 갖춰야 할 지식과 능력들

변화의 물결에 휩쓸려 버릴 것인가, 그 위에 올라탈 것인가

요즘 어딜 가도 '4차 산업혁명'이라는 말을 굉장히 자주 듣습니다. 4차 산업혁명 개념이 처음 제시된 2016년 무렵에만 해도 그렇게 흔한 말이 아니었는데, 이제 어디를 가든 그 말을 쓰지 않으면 시대에 뒤처지는 사람처럼 생각되는 듯합니다.

더불어 최근 수년 사이 인공지능 기술이 폭발적으로 발전하면서 "4차 산업혁명의 핵심 기술인 '인공지능'에 대해 알지 못하면 다가올 미래에 결국 도태되고 말 것"이라고 공공연하게 이야기하는 사람들을 자주 볼 수 있습니다. 곳곳에서 열리는 행사장에서도 '4차 산업혁명'이라거나 '인공지능 시대'라는 현수막이 걸려 있고, 정부 부처 사람들도 공공연하게 "새로운 시대에 적극적으로 대비해야 한다."고 이야기합니다.

발전하는 기술이 새로운 사회 시스템을 만들어 나가고, 그것으로 사회의 모습이 빠르게 변화할 거라는 예상은 충분히 동의합니다. 하지만 그런 시대의 변화에 부응하는 것이 개인의 삶을 준비하는 데 있어 꼭 좋은 결과를 가져오는 것은 아닙니다.

일부에서는 이 같은 기술의 혁명과 크게 관련 없는 분야까지 "4차 산업혁명 시대니까, 인공지능의 시대니까, 우리가 열심히 노력해 변화해야만 살아남을 수 있다."고 말하는 사람도 볼 수 있습니다. 더 나아

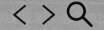

가 "로봇과 인공지능의 발전으로 우리는 앞으로 직업을 다 잃을 수도 있다. 경각심을 가지고 미래에 대비해야 한다."고 겁(?)을 주고 다니는 사람도 자주 볼 수 있습니다. 이런 시각이 과연 바람직한 생각인지에 크게 의구심이 들곤 한답니다.

과연 우리는 이 새로운 시대에 무언가 엄청난 준비를 해야 하는 걸까요? 뭔가 과거와 다른 변화가 있는 것은 확실합니다만, 이 시기에 우리가 할 일은 과연 무엇일까요? 우리는 미래에 어떤 직업을 가지고, 어떤 경제생활을 하며 살아갈까요? 이번 장에서는 그런 이야기를 해보려 합니다.

talk 4

4차 산업혁명은 어떻게 생겨났을까?

　이 이야기를 하려면 4차 산업혁명이 뭔지 우선 알아야겠지요. 앞서도 이야기했지만 "4차 산업혁명이 도대체 무어냐?"는 질문에 대해 딱 꼬집어 말하기는 어렵습니다. 왜냐하면 이것은 시대의 흐름을 정의하는 말일 뿐, 명백한 실체가 있는 것이 아니기 때문입니다.

　4차 산업혁명이라는 말이 처음 시작된 곳은 독일로 볼 수 있습니다. 독일에서 모든 기존 산업을 정보 기술과 융합해 '첨단 자동화 공장을 만들자'며 내건 '인더스트리 4.0'이라는 말이 확대 해석되면서 4차 산업혁명이라는 말이 생겨났다고 보는 이들이 많답니다. 우리나라도 대통령이 새로 바뀔 때마다 여러 가지 사업 정책을 내놓지요. '저탄소 녹색성장'이나 '창조경제' 같은 이름을 붙인 다양한 정책 기조를 만들곤 합니다. 인더스트리 4.0도 이와 비슷합니다. 독일이 2010년 정도부터 추진해 온 국가 산업 전략에 붙인 이름입니다.

많은 사람들이 이 말을 4차 산업혁명이라는 단어로 바꾸어 부르기 시작한 것은 2016년 1월부터라고 봅니다. 당시 세계적인 경제 회의 '다보스 포럼'에서 클라우스 슈밥 회장이 "앞으로 세상은 4차 산업혁명이 주도하게 될 것"이라고 발표하였지요.

그러나 사실 그 이전부터 4차 산업혁명이라는 말은 알음알음 쓰여 왔습니다. 독일의 인더스트리 4.0을 보면서 '이것을 다음 세대의 산업혁명, 즉 4차 산업혁명이라고 불러야 하는 것이 아니냐'는 이야기가 있었던 것이죠. 슈밥 회장도 2015년에 이미 4차 산업혁명을 주제로 책을 낸 적이 있지요. 우리나라 한국전자통신연구원ETRI도 슈밥 회장의 발표 전인 2015년 12월 10일, 최신기술 동향을 정리해 《4차 산업혁명》이라는 책을 냈습니다.

저는 과학 기자로 ETRI에도 취재를 다니다 보니, 연구소 관계자분들께 "4차 산업혁명이라는 말이 다보스에서 정식으로 발표될 것을 알고 있었느냐?"고 물은 적이 있습니다. 한 과학자께서는 "그 말이 첨단 산업 및 연구 분야에서 화두가 될 걸로 예상했지, 다보스 포럼에서 실제로 언급되며 이렇게까지 주목을 받을 줄은 몰랐다."고도 하더군요. 즉 4차 산업혁명이라는 말이 다보스 포럼을 계기로 급

속도로 퍼져 나간 것은 사실이지만, 첨단 기술 분야 전문가라면 다들 어느 정도 시대의 변화를 예상하고 있었다는 의미입니다. 그리고 꽤 이전부터 그것을 가장 잘 표현하는 말이 4차 산업혁명이라는 데 은 연중에 동의해 온 것으로 여겨집니다.

그 이후 4차 산업혁명이라는 말은 세계 산업계의 화두처럼 쓰이기 시작했습니다. 이 4차 산업혁명은 2017년 다보스 포럼에서 또다시 언급됩니다. 4차 산업혁명이 본격적으로 진행될 것이라고 단정 짓고, 4차 산업혁명의 특징을 최대로 살려 어떻게 산업의 발전을 이끌 것인지 논했지요. 또 그 분야에서 각국 경제 지도자들에게 소통과 책임의 리더십이 필요하다고 강조했습니다.

4차 산업혁명의 전신, 인더스트리 4.0

그렇다면 4차 산업혁명을 이해하려면 인더스트리 4.0이라는 말이 어떻게 생겨났는지부터 알아야 할 것 같습니다. 독일은 기계, 산업 기술이 뛰어난 나라로 알려졌습니다. 혹시 독일제 기계 제품을 써 보셨나요. 물건을 쓰고 난 느낌이야 사람마다 다르겠지만, 제가 보기에 독일제 물건이 다른 나라 물건보다 더 잘 만들어진 것은 사실인 것 같습니다. 가끔 우리나라 사람이 쓰기에 좀 큼지막하고 투박한 느낌이 들지만, 대부분의 경우 잘 고장 나지 않고, 사용하기에도 편리하며, 사용감 역시 훌륭해 오랜 기간 동안 만족하면서 쓸 수 있었습니다. 흔히 말하는 명품 자동차도 대부분 독일산인 것을 보면 독일의 기계 기술이 세계 정상급이라는 데 이견을 제시할 사람은 많지 않다고 생각합니다.

하지만 독일은 이처럼 세계 최고로 꼽히는 기계 기술에 비해 정보통신 분야, 쉽게 말해 컴퓨터 관련 기술은 미국 등에 비해 상대적으로 떨어졌지요. 기계는 잘 만드는데 컴퓨터 프로그램을 만들거나, 인터넷 기술을 이용해 새로운 서비스를 개발하는 능력은 상대적으로 크게 떨어졌던 겁니다.

최근 각종 정보화 산업이 각광받으면서 독일은 이 부분을 집중적으로 보완할 필요가 있다고 여깁니다. 그 결과 2010년경부터 인더스트리 4.0이란 정책을 내세우며 새로운 전략을 택합니다. 독일의 전략은 자신의 장점인 기계 산업과 정보통신 기술을 하나로 합치는 것이었습니다. 잘하는 기계 산업을 놔두고 갑자기 컴퓨터 산업에 처음부터 도전하기보다는, 기존 산업과 합쳐 양쪽의 장점을 최대한 살리려는 것이지요.

인더스트리 4.0의 내용을 살펴보면 앞 장에서 말씀드린 '4차 산업혁명 시대에 필요한 미래 기술'의 거의 대부분이 등장한다는 것을 알 수 있습니다. 먼저 사물인터넷 기술을 이용해 공장 등의 생산 과정에서 완전한 자동 생산 체계를 만듭니다. 또한, 4차 산업혁명의 핵심 요소 중 하나는 뛰어난 통신 기술이지요. 독일은 통신 기술을 이용해 생산 기기와 생산품 간의 정보 교환을 할 수 있는 상태를 만들고자 했습니다. 다시 말해, 공장에서 제품을 만드는 로봇팔과 현재 제작 중인 상품이 서로 정보를 주고받는 것이 가능해지는 생산 시스템을 도입하길 원했던 것입니다. 이렇게 되면 사람이 거의 필요 없는 완전 자동화 생산 과정을 만들 수 있게 됩니다. 이를 통해 독일의 강점인 '산업 기술'의 효율을 극대화할 수 있기를 기대한 것입니다.

물론 독일의 인더스트리 4.0은 좀 더 산업 자체에 치중돼 있습니다. 이 말이 4차 산업혁명으로 바뀌면서, 이 개념은 산업 자동화에 그치지 않게 됩니다. 인간이 영위하는 경제생활 전반에 영향을 끼칠 하나의 대혁명이 되리라 예상하지요. 인더스트리 4.0보다는 4차 산업혁명이 더 확장된 개념이라고 생각한다면 이해하는 데 더 도움이 될 것입니다.

전 세계가 '변화'의 초입에 서 있다

누구나 학교에서 '산업혁명'이라는 말을 들었을 것입니다. 세상에 증기 기관이 탄생하기 전에는 인류에게 '동력'이라는 개념 자체가 없었습니다. 일을 하려면 힘이 필요한데, 그 힘을 인공적으로 만들 생각은 못했지요. 그저 사람이나 가축, 혹은 바람이나 물의 힘을 제한적으로 이용하는 장치가 대부분이었습니다. 물레방아나 풍차 같은 것 말입니다.

그러다 인간이 증기 기관이라는 최초의 '인공 동력'을 갖게 됐지요. 이것은 빠르게 공장 자동화로 이어졌습니다. 석탄 등으로 물을 끓이면 자동으로 공장라인이 움직이고 열차도 달리게 됐습니다. 사람들

1차 산업혁명   2차 산업혁명   3차 산업혁명

은 이것을 혁명의 시기라고 불렀습니다. 18세기 무렵, 즉 1700년대 후반부터 이런 혁명이 일어나기 시작했답니다. 소위 말하는 1차 산업혁명 시대지요.

인간은 증기 기관이 발명된 후 다시 새로운 혁명의 시기를 맞게 됩니다. 바로 전기의 발견입니다. 전기를 만들게 되면서 인간은 발전소를 만들고, 그 전기로 다시 동력을 만들 수 있는 전기 모터를 개발하게 됩니다. 빛을 만드는 전구 등도 개발했지요. 이 시대를 사람들은 2차 산업혁명 시대, 즉 '전기 혁명' 시대라고 부릅니다.

사실 현대 문명이라는 건 전기라는 동력 위에 쌓아 올린 모래성과 같은 것입니다. 당장 전기가 없는 우리 사회를 생각해 보십시오. 자동차는 기름으로 움직이니까 달릴 수 있을까요? 주유소에 가면 기름조차 넣을 수 없습니다. 주유기도 전기로 움직이니까요. 정유 공장도 전기 공급이 중단된다면 휘발유의 생산이 불가능해진답니다. 전기가 없는 세상은 결국 1차 산업혁명 초창기 이전, 즉 중세 시대와 크게 다를 게 없을 것입니다.

여담입니다만, 사실 전기의 대중화 역시 증기 기관의 개발이 있었기에 가능했답니다. 수증기를 '삐익' 하고 내뿜는 증기 기관을 쓴다고 하면 21세기를 살아가는 여러분 입장에서는 우습게 생각될 수도 있습니다. 그러나 우리가 쓰는 전기도 사실 수증기의 힘으로 만드는 것입니다. 이렇게 이야기하는 사람은 잘 없습니다만, 사실 전기를 만드는 발전기는 증기 기관의 일종이라고 보아도 무방하지요.

전기를 만드는 기본 원리가 뭔가요? 가느다란 전선을 칭칭 감아서 도넛 모양으로 만든 '코일' 안쪽에 자석을 넣고 빙글빙글 회전시키면 된답니다. 이렇게 하면 코일을 따라 전기가 생겨서 흐르게 됩니다. 그렇다면 자석을 무슨 힘으로 회전시키나요? 사람이 손으로 돌려서는 많은 전기를 만들 수 없겠지요. 그래서 사람들은 특별한 장치를 만들었습니다. 우선 물을 끓입니다. 물은 수증기로 바뀌면서 부피가 1700배 이상 커지지요. 이 수증기를 한곳으로 모아 분출하면 물레방아 돌리듯 자석과 연결된 축을 빙글빙글 돌릴 수 있게 되겠지요.

물을 끓이려면 당연히 불도 피워야 합니다. 이때 물을 석탄으로 끓이면 석탄 화력 발전소, 천연가스 등으로 끓이면 가스터빈 발전소, 우라늄을 분열시키는 과정에 나오는 열로 끓이면 원자력 발전소라고 부릅니다.

2차 산업혁명 시대가 오면서 우리는 공장에서도 전기를 이용하게 됐습니다. 1차 산업혁명 시대와 달리 누구나 전기를 끌어와 간단한 시설만 하면 자동화된 공장을 가질 수 있게 된 것이지요. 그로 인해 인간의 생산성은 엄청나게 높아졌습니다. 2차 산업혁명을 대량생산 혁명 시대, 자동화 혁명 시대 등으로 부르기도 하는 것은 이 때문입니다. 2차 산업혁명 시기는 19세기 후반에서 20세기 초반, 즉 1800년 대~1900년대 후반에 집중적으로 발전했습니다. 곳곳에 공장이 생겨났고, 물건을 대량으로 찍어 냈으며, 값이 싼 제품이 세상 곳곳으로 퍼져 나갔지요.

3차 산업혁명은 흔히 정보화 혁명, 인터넷 혁명의 시대라고들 부릅니다. 20세기 후반, 즉 1900년대 후반부터 21세기 초반까지의 시대입니다. 인터넷의 급격한 발전에 힘입어 시작되었지요. 이 시기에 우리는 과거와 달리 인터넷을 통해 누구나 정보를 생산하고 공유할 수 있게 됐지요.

정보화 혁명을 겪으며 사회는 정말로 크게 요동쳤습니다. 홈페이지나 블로그 등을 제대로 만들면 누구나 다른 사람과 정보를 공개할 수 있게 됐고, 이 정보의 소통 창구를 이용해 사람들은 돈을 벌어들이기 시작한 것입니다. 만화가는 종이에 그림을 그리지 않고 인터넷에 작품을 남겨 '웹툰 작가'라는 이름으로 활동하게 되었습니다. 사람들은 친구들과 문자 메시지를 주고받으며 쓰는 귀여운 이모티콘에 돈을 지불했지요. 컴퓨터 게임을 잘 만든 사람이 큰 부자가 됐고,

인터넷 서비스를 잘 개발하는 사람이 훌륭한 사업가가 되었습니다. 인터넷 서비스 기업이 큰 대기업으로 성장한 경우도 여럿 있답니다. 미국의 '구글'도 인터넷 서비스 업체지만 세계적인 대기업이 되었지요. 우리나라의 '네이버' 같은 회사도 대기업이랍니다.

3차 산업혁명 시대는 지금까지 인류가 살아온 것과 또 다른 가상의 세상이 인터넷 속에 펼쳐지기 시작했다는 점에서 이전과 큰 차이가 있습니다. 누구나 그 안에서 자신의 뜻을 펴고 타인과 교류하며 살아가는 지금의 세상이 만들어진 것이지요.

세상은 이렇게 한 단계의 산업혁명을 겪을 때마다 과거에는 상상도 하기 어려운 문명이 쏟아져 나왔습니다. 한 번의 산업혁명은 결국 시대 자체의 변화와도 같다고 보아도 무방하답니다.

소프트웨어로 이어지는 컴퓨터 세상과 현실 세계

그렇다면 앞으로 다가올 4차 산업혁명 시대란 뭘까요. 우리는 어떤 변화를 겪게 될까요? 흔히 4차 산업혁명을 소프트웨어 혁명이라고도 부릅니다. 소프트웨어는 3차 산업혁명 초창기부터, 조금 앞서 나가면 2차 산업혁명 시절에도 어느 정도 있던 개념인데, 새삼스럽게 뭐가 혁명이냐고 묻기도 합니다.

이 역시 명백한 답을 내리기는 사람마다 다릅니다. 하지만 개인적으로 느끼는 가장 큰 변화는 역시 소프트웨어를 통해 만드는 서비스가 모니터(디스플레이) 밖으로 튀어나온다는 데 있지 않을까 생각합니다. 소프트웨어로 로봇과 자율주행 자동차, 드론이 인공지능으로 움직이며 인간과 함께 생활하는 세상. 언제 어디를 가든 곳곳에 있는 물건들이 모두 네트워크로 연결된 세상. 컴퓨터 디스플레이로만 엿보던 인터넷 속 세상이 인간이 살아가는 현실과 하나로 결합되는 세상. 그런 세상이 지금 눈앞에 와 있습니다.

집에서 아침에 일어나 학교를 가기 전, 스마트폰으로 명령을 내리면, 컴퓨터 소프트웨어로 만든 자율주행 택시가 집 앞에 와 있습니다. 사람들은 자동차를 사서 차고에 넣어 두지 않고, 도시 곳곳을 돌아다니는 자율주행 자동차의 정기 이용권을 구입하게 되겠지요. 물건을 구입하면 오토바이나 작은 트럭을 탄 택배 배달원이 오는 것이 아니라, 배달용 드론이 하늘을 날아와 우리 집 창문 옆 물품 구입 통에 넣고 갈 것입니다. 내일 캠핑을 가고 싶다면 좋은 캠핑 장비 세트를 로봇 배달로 가지고 와 3일만 쓰고 반납하면 되니 복잡하게 구매해서 보관할 필요도 사라지겠지요.

이런 이유에서 4차 산업혁명을 인공지능 혁명, 로봇 혁명 등으로도 부르는 사람이 있지요. 한편으로는 자동화된 세상을 마치 내 것처럼 누구든지 편리하게 사용한다는 점에서 공유 경제의 혁명 시대라고 보는 사람도 있답니다.

물론 여러 전문가들이 저마다 내놓는 예상들이 모두 100% 맞을 것이라고 보기는 어렵습니다. 하지만 많은 전문가들이 이처럼 말하고 있다는 것은, 적어도 큰 사회적 흐름만큼은 그 방향을 따를 것이라고 보아도 좋지 않을까요.

기계가 대체할 수 없는 일 vs.
기계가 만들 수 없는 가치

"그럼 어떻게 하라는 건가요?"

요즘 많은 분들이 이런 질문을 합니다. 이제 4차 산업혁명 시대가 왔다는데, 그래서 세상이 훨씬 더 빠른 속도로 변한다는데, 지금처럼 평범하게 학교를 다녀서는 과연 미래 사회에 올바르게 대응할 수 있을지 불안하다는 것이지요. '세상이 바뀔 것이니 우리가 뭔가 해야 하지 않을까?', '미래는 크게 바뀔 것이고 나는(혹은 우리집 아이는) 미래에도 뒤처지지 않는 인재로 거듭났으면 좋겠다'는 생각에서 나온 질문일 것입니다.

저는 몇 차례 첨단 로봇 기술에 관한 책을 쓴 적이 있고, 또 과학 기사도 꾸준히 쓰고 있어서 가끔 기업체나 회사, 지역 도서관, 국내 연구 기관 등에서 강연 요청을 받습니다. 그때마다 이와 비슷한 질문을 받았는데, 여러 전문가들께 들은 의견을 정리해서 그때 받은 질문에 맞춰 답을 드리곤 했답니다. 이 장에서는 그런 말씀을 정리해 보면 독자 분들께도 비슷한 답변이 되리라고 생각합니다.

미래를 바라보는 시각은 크게 둘로 나뉩니다. 첫째는 인공지능이 세상을 암울하게 만들 거라는 디스토피아적인 생각입니다. 인공지능의 급속한 발달로, 미래에는 인공지능이 인간의 직업을 잠식할 테니, 현 시대를 살아가는 사람들을 보호하는 법과 제도를 만들어야 되는 것이 아니냐는 쪽이지요.

둘째로 인공지능 같은 4차 산업혁명의 몇몇 핵심 기술을 확보하는 것만이 미래 산업에 대비하는 만능 해결책으로 보고 여기에 '다 걸기'를 하는 사고방식입니다. 기존의 산업은 이미 가치가 없고, 새로운 지식과 기술을 익히는 데 집중해야만 미래를 살아갈 수 있다고 믿는 경우이지요.

이러한 시각들은 세상을 살아가는 방식에 관련된 문제라서 누가 옳고, 그르냐고 말하기는 어렵습니다. 각자 자신이 믿는 삶을 살아가면 될 것입니다. 하지만, 객관적으로 볼 때 이 두 가지 시각 모두 현실을 정확하게 반영하고 있다고 말하기는 어렵습니다.

우리가 역사 시간에 배운 것을 떠올려 보세요. 인간은 석기 시대를 거쳐 청동기, 철기 시대를 거쳤지요. 그 이후 세 차례에 걸친 산업혁명을 통해 지금의 빛나는 문명사회를 이룩했습니다. 그리고 지금도 계속 발전시켜 나가고 있지요. 현대의 과학 기술로는 합성수지와 파인세라믹, 반도체까지 만들어 냅니다. 세상에 존재하지 않는 물질을 원자 단위에서 합성해 만들어 내는 수준에 도달했습니다.

하지만 지금도 인간은 돌로 만든 도구를 사용하고, 청동으로 만든 물건도 사용합니다. 철은 아직까지도 인류 사회를 떠받드는 가장 중요한 금속 중 하나입니다. 아직도 돌을 다듬어 도구를 만드는 장인의 삶을 사는 분들이 있고, 철을 다듬는 대장장이의 삶을 사는 분들도 있습니다. 그분들이 컴퓨터 프로그래머보다 더 가치가 낮은 일을 하는 것도 아닙니다. 자신의 일에 대한 자부심이나 만족도가 더 떨어진다고 보기도 어렵습니다.

다시 말해, 반드시 미래 사회에 주목받는 첨단 기술이 있다 해서, 여러분이 반드시 그런 직업을 갖기 위해 노력해야 하는 건 아니라는 의미입니다. 세상이 더 발전한다면 새로운 직업이 등장할 것입니다. 그리고 여러분에게 주어진 선택의 폭이 넓어질 것입니다. 과거의 기술이나 산업이 모두 쓸모없다고 생각하는 것은 옳지 못하겠지요.

하지만 4차 산업혁명 시대를 살기 위한 마음가짐만큼은 가져야 합니다. 그러기 위해서는 지금의 현실과 곧 다가올 미래에 대해 폭넓게 이해해야 합니다. 그래야만 스스로의 삶을 선택해 만족스럽게 영위하면서 살아갈 수 있기 때문이지요. 석기 시대에 돌을 다듬어 각종 도구를 만들던 사람과, 현대에 돌을 다듬어 여러 가지 물건을 만드는 사람의 사고방식이 같아서는 안 된답니다. 같은 일을 하더라도 세상의 요구에 따라 그 일의 가치는 크게 달라지기 때문입니다.

로봇이 사람을 완벽히 대체하는 것이 가능할까?

4차 산업혁명 시대, 인공지능 시대가 오면 지금까지 사람이 했던 수많은 일들을 기계가 자동으로 처리할 것입니다. 이때가 되면 인간이 할 수 있는 일은 두 가지로 나뉘게 됩니다.

첫째는 기계로 하기에는 당장 대체하기가 어려워 결국 사람이 하는 편이 더 효율적인 것들입니다. 예를 들어, 건축 설계사라는 직업은 어떻게 될까요? 실제로 아직 이 같은 인공지능이 실용화되지는 않았지만, 이론적으로는 분명히 인공지능 컴퓨터가 사람 대신 건축 설계를 할 수 있을 것입니다. 집을 지으려는 사람이 가진 땅의 도면, 주소, 그리고 원하는 건축비 같이 몇 가지 필수 조건을 컴퓨터에 넣어 주면 자동으로 주변 환경과 잘 어울리면서, 안전하고 효율적인 집을 척척 설계해 주도록 만들 수 있겠지요. 설계비가 아주 싸고, 사람이 설계하는 것보다 실수도 매우 적을 것입니다.

그런데, 집을 실제로 지으려면 로봇이나 컴퓨터만 가지고는 한계가 있습니다. 자재를 구입하고 그 값을 치러야 하고, 그 자재를 어딘가 쌓아 두고 순서에 맞게 꺼내 집을 지어야 합니다. 복잡한 전기 배선 작업은 이것을 대신할 기계조차 만들기가 어렵습니다. 집을 지으려면 사람이 할 수밖에 없는 일이 굉장히 많답니다. 설계 과정 하나만 컴퓨터로 대체할 수 있을 뿐입니다. 이 경우, 수십 년 후 미래에는 건축 설계사보다는 전문 건축가, 전기 배선 전문가 같은 직업이 더 살아남을 확률이 높다고 볼 수 있겠지요.

인공지능과 자동화 기술의 특징을 이해하고 고민해 본다면, 미래에 어떤 직업이 살아남을지 알 수 있습니다. 병원에 가면 증상을 듣고, 몸의 체온을 재는 등 기초적인 검사를 합니다. 그러고 나서 필요하다고 판단하면 정밀 검사를 하게 되지요. 이런 검사 결과를 종합해서 "당신은 폐렴입니다."라고 진단을 내리는 일은 이미 컴퓨터도 사람 못지않게 할 수 있습니다.

하지만 수술을 하려면 어떨까요? 검사를 받기 위해 검사 장비에 환자를 눕혀 주며 도와주는 일은 누가 해야 할까요? 이럴 때는 사람이 반드시 필요합니다. 수술 로봇도 이미 세상에 나와 있지만, 외과 의사가 더 정밀하게 수술할 수 있도록 도와주는 장비일 뿐입니다. 그 장비를 이용해 수술을 하는 것은 결국 사람이랍니다. 쉽게 말해 가까운 미래에는, 내과 의사나 영상 의학과 의사, 병리 의사 등이 일할 곳은 줄어들지만 외과 의사나 간호사 등의 수요는 줄어들지 않을 것입니다.

실제로 수십 년 이내 로봇이 인간을 완벽하게 대체할 것이라고 믿기는 아주 어렵습니다. 미국의 컨설팅업체 '맥킨지'는 미국 내 2000개 업무 중 45%를 자동화할 수 있으나, 완벽하게 사람을 대체할 수 있는 건 5%에 불과하다는 분석을 내놓았습니다. 이 정도의 직업군 변화는 새로운 기술이 태동할 때마다 있었습니다. 그러니 '기계로 인해 일자리를 구하지 못하면 어떻게 하느냐'란 걱정은, 사회생활을 하는 이라면 누구나 겪는 실업에 대한 근본적인 불안감이 지금은 인공지능이란 과녁을 향하고 있는 것은 아닐까 생각해 볼 필요가 있습니다.

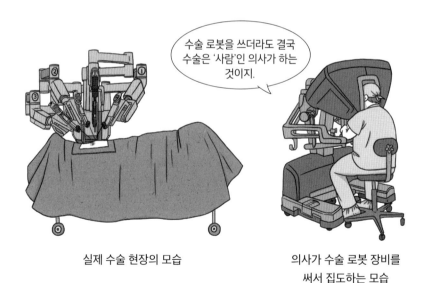

수술 로봇을 쓰더라도 결국 수술은 '사람'인 의사가 하는 것이지.

실제 수술 현장의 모습

의사가 수술 로봇 장비를 써서 집도하는 모습

또 다른 한 가지는, 인간이 일하면서 그 경제적 가치가 월등하게 높아지는 경우입니다. 예를 들어, 손목시계는 공장에서도 만들 수 있기 때문에 대량 생산이 가능합니다. 자동화 공정을 도입하면 '스마트화된 공장'에서 값싸고 품질도, 디자인도 훌륭한 시계를 얼마든지 찍어 낼 수 있지요. 하지만 이런 시계 값이 얼마나 될까요? 모르긴 해도 비싸야 몇십만 원을 넘지는 않을 것입니다.

하지만 유명한 명품 브랜드 시계는 어떨까요? 이런 시계는 장인이 하나하나 부품을 손으로 깎아가면서 만듭니다. 스마트 공장에서 만든 것에 비해 절대적으로 품질이 좋다고 할 수는 없지만, 장인의 노력과 수고를 인정해 사람들이 적게는 수백만 원에서 많게는 수천만 원, 정말 비싼 것은 수억 원을 지불하면서까지 그 시계를 삽니다. 컴퓨터가 자동화된 공장에서 부품을 조립하고, 가죽과 천을 잘라 바느질을 하는 세상이 곧 다가오지만, 그 일을 숙련된 인간이 한다면 명품의 가치가 더해져서 더할 나위 없이 큰 가치가 됩니다.

최근에는 인공지능이 소설을 썼다, 작곡을 했다는 이야기도 들립니다. 약한 인공지능만으로도 컴퓨터 장치는 과거에 인간만 가능했던 영역에서 점점 뛰어난 역량을 발휘할 것입니다. 하지만 그만큼, 인간의 노동이 만들어 내는 또 다른 가치 역시 계속 이어지지 않을까 생각됩니다.

4차 산업혁명 시대에 어떤 직업을 가질까, 어떤 노력을 기울여야 할까를 결정하는 것은, 결국 그 직업으로 평생을 영위하며 살아갈 사람, 그 자신에게 있을 것입니다. 만약 누군가 '나는 피아노 연주가가 되고 싶다. 하지만 4차 산업혁명 시대에는 기계가 연주를 더 정확히 잘하게 된다니, 나는 꿈을 접고 다른 일을 알아보아야겠다'고 생각할 필요는 없다는 이야기지요.

피아노를 연주하는 일 중에도 여러 가지 분야가 있을 겁니다. 정말로 연주를 잘하게 되어서, 기계 연주로는 생각하기 어려운, 자기만의 연주 가치를 만들어 낼 수도 있습니다. 학생들에게 피아노를 가르치는 음악 선생님, 피아노의 소리를 듣고 조율하는 조율가 같이 관련된 일은 너무나도 많겠지요. 미래는 여러분에게 더 많은 길, 더 많은 직업 세계를 보여 줄 것이라고 저는 믿고 있습니다.

미래를 대비하고 있는 학생들께 조언을 드린다면, 제가 하고 싶은 말은 꼭 한 가지입니다. 여러분이 하고 싶은 자기만의 일을 찾기 바랍니다. 그 일이 미래의 새로운 일이 될 수도 있고, 지금까지 많은 사람들이 해온 역사와 전통이 있는 일일 수도 있습니다. 여러분이 미래 사회의 모습과 사회 구조를 충분히 이해할 수 있다면, 미래의 기술은 여러분의 일자리를 빼앗는 것이 아니라, 여러분이 꿈을 이루도록 돕는 유용한 존재가 될 것입니다.

창의력이란 결국
경험과 지식의 산물이다

흔히 미래 사회는 창의력이 있는 사람이 주인공이 된다고 이야기
합니다. 그래서 열심히 노력해 창의력을 키워야 한다고 이야기하지
요. 그런데 창의력이란 것은 도대체 뭘까요? 여러분은 어떤 것이 창
의력인지 명백하게 설명할 수 있으신가요?

창의력이라는 말을 사전에서 찾아보면 '새로운 것을 생각해 내는
능력'이라고 이야기합니다. 4차 산업혁명 시대가 되면서 창의력을
길러야 한다는 이야기를 정말 자주 듣지요. 이 뜻은 아마 "인공지능
과 로봇 등이 보편적으로 활용되는 시대가 온다. 지금까지 인간이 하
던 많은 일들은 기계가 대체할 수 있게 될 것이다. 그렇다면 사람은

그보다 더 고차원적인 일, 지금까지와는 전혀 다른 새로운 일을 구상해 내는 능력을 갖춰야 한다."는 의미로 여겨집니다.

물론 틀린 말은 아닙니다만, 이런 이야기를 하기에 앞서 반드시 갖춰야 하는 절대적인 조건이 있습니다. 그런데 그에 대해서는 다들 잘 이야기하지 않는 듯합니다. 그러다 보니 이런 이야기를 자칫 잘못 이해한 학생들이 '앞으로는 힘들여 공부할 필요가 없다더라. 인터넷을 찾으면 필요한 지식을 모두 얻을 수 있으니까. 그러니 (뭔지는 모르지만) 창의력을 기르는 데 집중해야 된다'고 생각하는 경우를 많이 본답니다.

이런 생각은 크게 위험할 수 있습니다. 무언가 새로운 것을 생각해 내려면, 어떤 것이 새롭고 뭐가 새롭지 않은지를 구분할 능력이 필요합니다. 그러한 능력은 부단한 노력으로만 얻을 수 있기 때문입니다.

잠깐 다른 이야기가 될 것 같습니다만, 제가 일하는 곳 이야기를 조금 해볼까요? 신문사, 잡지사 같은 언론사에는 해마다 신입 기자들이 들어옵니다. 대부분 아주 좋은 대학에서 공부를 매우 잘한 사람들이고, 어려운 시험과 면접을 거칩니다. 보통 100대 1이 훨씬 넘는 경쟁을 뚫고 입사를 합니다. 그러니 하나같이 아주 우수한 인재들이지요.

이들은 처음 회사에 들어오면 다들 의욕에 넘칩니다. 굉장히 재미있는 특집 기사를 척척 쓸 수 있을 것 같고, 열심히만 하면 금방 특종 기사도 쓸 수 있다고 생각합니다. 수많은 아이디어를 들고 와서 "이 기사가 재미있지 않느냐, 이런 기사는 반드시 비중 있게 다뤄 주어야 한다"고 강력하게 요구하곤 하지요.

하지만 십수 년 이상 일한 베테랑 기자들이 보기에는, 이런 요구가 대부분 이미 수도 없이 기사로 쓴 내용들과 거의 같은 것을 들고 와서 호들갑을 떠는 것처럼 느껴질 때가 많습니다. 안타까운 일이지만, 이럴 때는 선배들에게 호되게 피드백을 받는 것이 좋습니다. 자신의 현재 수준을 알아야 발전할 수 있기 때문이지요. 물론 그런 지적을 받아들이지 못해 발전이 거의 없이 지내다가, 아쉽게 회사를 그만두거나 그저 그런 기자로 남는 이들도 여럿 봅니다. 그럴 때마다 안타까운 마음에 한숨을 쉬고는 합니다.

이야기가 잠시 옆으로 빠졌습니다만, 이 똑똑하고 훌륭한 후배들이 인터넷을 검색할 줄 몰라서 이런 실수를 했을까요? 아니면 지식이 부족해서 이런 실수를 했을까요? 절대로 그렇지 않습니다. 이 신입 기자들은 어떤 것이 (세상에서 말하는) 새로운 아이디어인지를 구분해낼 경험이 부족했던 것입니다.

창의력이란 분명히 타고난 능력일 수 있습니다. 그러나 반드시 학습을 통해서만 더 깊어지고, 더 커지는 것입니다. 창의력을 높이려면 기존의 것들을 충분히 알고 있어야만 합니다. 그래야 자료를 찾아 자신의 부족한 지식을 보완할 수 있기 때문이지요. 세상의 지식을 모두 머릿속에 담을 수는 없으니, 자신의 부족한 부분을 빨리 찾아내 보완하는 능력이 반드시 필요하다는 의미입니다. 그에 앞서 상식적이고 올바른 판단을 할 폭넓은 지식과 자신만의 전문 지식 역시 필요하겠지요.

창의력을 발휘해 멋진 영어 작문을 쓴다고 생각해 보면 답이 확실합니다. 이 경우 반드시 어느 정도 영어를 할 줄 알아야 합니다. 만약 모르는 단어가 있다면, 그 부분은 부족한 지식을 찾아보거나, 주위의 도움을 받으면 되겠지요. 기본기가 갖춰진 다음에야 컴퓨터나 인공지능의 도움을 받아 문장의 뜻을 멋지고 아름답게 만들어 낼 수 있습니다. 모르는 단어가 대부분이고 문법 실력마저 부족하다면, 아무리 멋진 영어 표현을 생각해 내려고 해도 가능할 리가 없으니까요.

흔히 4차 산업혁명 시대는 '창의력의 시대'라고 말합니다. 하지만 창의력을 발휘하려면, 무언가 새로운 것을 생각해 내려면, 인간이 현재까지 쌓은 지식 그 한계만큼은 명백하게 알고 있어야 하지요. 창의력이란, 충분히 많은 지식과 경험을 축적한 이후에야 받을 수 있는 값진 선물과도 같습니다. 이 절대적인 원리는 4차 산업혁명 이후에도 결코 변하지 않을 것입니다.

4차 산업혁명 시대 인재의 조건, 의사소통 능력과 문제해결 능력

제가 미래 사회에 잘 대응해 살아가야 할 학생 여러분께 가장 첫 번째로 드리는 말이 있습니다. 그것은 미래 사회의 지식과 기술을 빠르고 올바르게 흡수하기 위한 '기본기'를 착실히 길러 주었으면 하는 것입니다. 미래 사회가 될수록, 인간이 정보화와 자동화의 사회에 내던져질수록 결국 이런 기본기가 충실해야 세상의 중심에 설 확률이 매우 높습니다.

그렇다면 그 기본기란 뭘까요? 바로 우리가 학교 수업 시간에 열심히 배우는 공부들입니다. 그중에서 여러 선생님들이 가장 기본 중의 기본이라고 강조하는 과목들. 여러분이 공부를 하기 위해 꼭 필요한 기본적인 과목은 정말로 많은 노력을 기울일 필요가 있습니다. 조금 어이없게 들리실 수도 있지만, 이것은 다름 아닌 국어와 영어, 수학을 말합니다.

국어, 영어, 수학이 더 중요해진다고?

저도 어릴 적에는 이렇게 '국영수'를 강조하는 학교 선생님들의 생각에 동의하지 못했습니다. '세상에는 수많은 사람들이 저마다 개성을 가지고 살아가는데, 왜 학교에 가면 개개인의 개성을 살려 주지 않을까? 왜 어디를 가나 국영수 세 과목을 그렇게 열심히 강조할까? 이건 크게 잘못된 교육 정책이 아닐까?'라고 생각하면서 혼란스러워했던 적이 있습니다. 수학 선생님에게 "이건 시험을 잘 봐서 고등학교만 졸업하면 아무 쓸모가 없는 것 아닌가요?"란 질문을 하기도 했습니다. 지금에 와서 이런 질문을 듣고 어이없었을 선생님을 생각하면 정말로 창피할 뿐입니다.

하지만 공부를 계속하고, 또 여러 분야 전문가들을 만나 많은 것을 배우면서, 세상의 모든 학문은 결국 언어, 그리고 수학을 바탕으로 만들어진다는 사실을 알게 되었습니다. "나는 공부는 못하지만 다른 무엇 하나만큼은 똑바로 잘 할 수 있다"는 말은 사실 앞뒤가 맞지 않는 말입니다. 공부란 지식이나 기술을 배우고 익히는 것입니다. 뭔가 한 가지를 똑바로 잘하기 위해서는 많은 지식을 배우고 익혀야 합니다. 그렇다면 적어도 그 분야에서만큼은 공부를 열심히 한 사람일 테지요.

공부를 하는 방법은 사실 매우 간단합니다. 다른 사람이 쓴 책이나 문서(인터넷 문서 포함)를 읽거나, 혹은 선생님이 강의실에서 이야기해주는 말을 듣고 이해해, 나 자신의 지식으로 만드는 것입니다. 공부란 결국 그게 전부이지요. 이 말은, 기본적으로 국어의 이해도가 떨어진다면 모든 학문을 제대로 공부하기가 어렵다는 뜻입니다.

국어가 얼마나 중요한지는 영어 같은 다른 학문을 공부하는 경우에도 마찬가지로 적용됩니다. 우리나라 학생이라면 대부분은 기본적인 사고 언어가 한국어로 되어 있을 것입니다. 국어의 표현, 독해력, 올바른 국어 사용법을 익히지 못한 사람은, 결국 제대로 된 의사소통이 어렵습니다. 이 상태에서 영어를 공부하고 어느 정도 잘하게 되더라도, 의식의 토대가 튼튼하지 못하니 제대로 된 학문의 기초를 다졌다고 보기 어렵습니다.

영어 역시 중요한데, 한국인이어도 영어는 국어 못지않은 중요성을 갖고 있습니다. 여러분이 높은 수준의 학문을 공부하려면 영어는 반드시 정복해야 할 숙제입니다. 이는 앞으로 공부를 계속해 대학원에만 들어가도 실감할 수 있는 일입니다. 이 수준에 이르면 공부해야 할 모든 책, 문서 등은 거의 대부분 영어로 된 것들입니다.

만약 여러분이 열심히 공부하고 실험해 드디어 새로운 지식을 찾아냈다고 칩시다. 그리고 그 내용을 학계 다른 전문가들에게 인정받으려고 한다면 어떻게 해야 할까요. 이때 가장 먼저 해야 하는 일이 바로 영어로 논문을 쓰는 것입니다. 수준 높은 학회에 나가면 한국인들끼리 모여 있어도 학술적인 부분은 영어를 써서 이야기해야 합니다. 이미 세계의 학계는 하나로 연결돼 있고, 그때 사용하는 언어가 영어이기 때문입니다. 영어를 하지 않는다는 말은, 아주 제한적인 경우를 제외하면 학문의 길을 포기한다는 뜻과도 연결된답니다.

특히 4차 산업혁명 사회가 되면서 초지능, 초연결 시대가 온다는 말은 앞서 누차 말씀드렸습니다. 하나의 시스템으로 연결된 세상, 세

세계 각지에서 다양한 사람들과 화상 회의를 하고,
인터넷을 통한 공통의 툴로 협업을 하는 초연결의 세상

게 어느 곳과도 대화하며 수많은 인간들끼리 협업해야 하는 세상이 됐습니다. 이 과정에서 언어의 통일은 반드시 필요합니다.

드물게 "컴퓨터 자동 통역, 번역 기술이 등장할 텐데 뭐 하러 외국어를 공부하나요?"라고 이야기하는 사람도 있습니다. 물론 사람만큼 뛰어난 자동 통역 기술이 나올 가능성도 분명히 있을 것입니다. 하지만 그게 언제가 될지는 아직 아무도 모르는 일이랍니다. 만약 그렇게 좋은 통역기가 나온다고 해도 영어를 배울 필요성이 사라지는 것은 아닙니다. 여러분이 능수능란하게 영어를 할 수 있는 상황과는 비교할 수 없이 큰 차이가 나기 때문이지요.

만약 여러분이 아주 외국어 실력이 훌륭한 통역가와 함께 일하는 경우를 생각해 보세요. 직접 영어를 할 줄 아는 것과 비교해 본다면 어쨌든 매우 불편할 수밖에 없습니다. 언제나 통역가와 호흡을 맞춰야 하니 여러 가지 면에서 제약이 있을 수밖에 없습니다. 그리고 아무리 훌륭한 통역가도 실수를 하지요. 의사 전달이 바로 되지 않고, 한 단계를 더 거쳐야 하니 불편한 점이 적지 않습니다. 이런 사람이 정말로 영어를 잘하는 사람과 경쟁에서 이길 확률은 매우 낮아지지요. 그런데 여러분이 영어를 잘한다면 이런 문제를 일체 겪을 필요가 없습니다. 게다가 여러 가지 학문을 익히는 데에도 훨씬 더 유리한 입장이 될 것입니다.

수학의 중요성은 더 말할 것이 없습니다. 4차 산업혁명 시대가 되면서 컴퓨터 시스템, 그리고 각종 기계 장치의 중요성은 점점 더 높아질 것입니다. 간혹 컴퓨터 프로그래머가 되려면 수학이 별로 필요하지 않다고 생각하는 사람을 봅니다. 프로그래밍 언어를 배우고, 소프트웨어를 문법에 맞게 작성하는 능력, 즉 '코딩'을 어느 정도 할 줄 아는 사람들도 공공연하게 '수학은 큰 의미가 없다'고 이야기하기도 합니다.

하지만 이 방법으로는 한계가 있습니다. 컴퓨터 시스템을 완전히 이해할 수 없고, 컴퓨터로 어떤 일을 시킬 때 시스템의 효율을 완벽하게 이해하기도 어렵습니다. 벽돌을 쌓으면서 집 짓는 일에 참여하는 건 누구나 할 수 있지만, 집 전체를 설계하고 내구성과 생활 환경 등을 계산하는 건 높은 수학 역량을 갖춘 전문 건축사만이 할 수 있는 것과 마찬가지랍니다.

결국 수학 역량 없이 컴퓨터 프로그래머로 일하겠다는 건, 다른 전문 엔지니어가 구성해 놓은 시스템의 하부 개발자 역할을 하겠다는 말과 같습니다. 지금까지는 이 역시 꼭 필요한 일이었습니다만, 이제는 세상이 변하고 있습니다. 인공지능이 등장해 인간만의 영역이라 여겨졌던 코딩조차 컴퓨터가 할 수 있는 세상이 오고 있기 때문입니다. 그때가 올수록 수학적 판단력과 기초가 튼튼한 사람이 더 대우받게 되겠지요.

수학은 과학 기술 분야에 종사하는 사람들에게는 반드시 갖춰야 할 기본 언어와도 같은 것입니다. 과학자 두 사람 간에 수식 한 줄이면 될 설명을, 영어나 한국어 같은 일반적인 언어로 바꾸어 설명하려면 막대한 시간이 들어갑니다. 그마저도 제대로 된 설명이 불가능한 경우도 많이 본답니다. 그러므로 미래 사회의 주역이 되려면 국어와 영어, 그리고 수학의 기본 실력을 튼튼히 다지는 일이 무엇보다 중요하다는 점을 꼭 알았으면 합니다.

10년 후 인재의 역량은 어떤 것이 있을까?

이런 사실은 저 한 사람만의 주장이 아닙니다. 우리나라 과학 기술 정책을 총괄하는 정부 부처인 '미래창조과학부(현 과학기술정보통신부)'도 과거 비슷한 의견을 낸 적이 있습니다. 이곳에서 '미래준비위원회'를 운영하면서 대학교수, 국책연구기관 소속 과학자 등 수많은 전문가들의 의견을 듣고, 이를 종합해 우리나라의 미래가 어떻게 될지, 그 대비를 어떻게 해야 할지 논의하는 모임을 운영한 적이 있습니다. 이곳에서 미래 일자리를 분석해 〈10년 후 대한민국, 미래 일자리의 길을 찾다〉라는 제목의 보고서를 2017년 발표했습니다. 제목은 알기 쉽게 '10년 후'라고 되어 있지만, 사실 과학 기술의 발전 방향에 따른 일자리 변화를 정리한 개념서 같은 것이라서 지금 보아도 전혀 무리가 없는 내용이랍니다.

그 내용을 요약하면 "△인공지능이나 로봇 등 각종 기계 장치와 공존하는 능력이 뛰어나고 △자신만의 전문성이 높지만 △창의적이고 복합적인 역량을 갖춘 인재가 대우받는다"고 쓸 수 있습니다. 또 이런 인재가 되려면 "△문제 인식 역량 △대안 도출 역량 △협력적 소통 역량"의 3대 미래 역량 역시 필요하다는 것이 위원회의 지적이었답니다.

결국 자신만의 전문적인 역량이 뛰어나며, 사람들과의 의사소통 능력이 좋고, 더 나아가 각종 기계 장치, 특히 인공지능 등과 소통하는 능력 역시 우수해야 한다는 의미입니다.

보고서에 따르면 미래에는 개인과 기업이 네트워크로 연결돼 필요할 때마다 구인, 구직이 이루어질 것으로 봤습니다. 한 번 취직하면 노년이 될 때까지 일하는 평생 직장 개념은 사라질 것입니다. 다시 말해, 개개인이 확고한 직업관을 가지고 직장을 옮겨 다니며 일하게 되는 세상이 올 거라는 겁니다. 데이터 기반의 인적 관리가 강화되는 것도 특징입니다. 즉 업무 성취도나 평점, 능력 지표 등이 계속 따라다니게 되어 평생 커리어를 관리해야 하는 세상이 된다고 보고서는 설명하고 있습니다.

미래에는 융합형 직업과 과학 기술을 바탕으로 한 새로운 직업 역시 출현하리라고 전망했지요. 사회의 변화에 따라 직업 형태 역시 크게 바뀔 것입니다. 미래에는 현재 직업들이 한층 더 전문적으로 바뀌며, 더 세분화될 것이라고 예상하고 있습니다. 또한, 융합형 직업과 과학 기술을 바탕으로 한 새로운 직업군이 다수 출현하게 될 거라고 예상했습니다.

결국 어느 것이든 주변 사람들과 소통해 화합하고, 이 과정에서 인간에게 도움을 줄 컴퓨터 시스템, 인공지능, 로봇 등을 능수능란하게 이용할 수 있어야 한다는 의미로 해석됩니다. 이 과정에서 언어의 기본이 부족하고, 수학적인 역량을 갖추지 않는다면 빠르게 적응하기가 어려울 것입니다. 창의력이 있는 인재가 되려면, 지식을 배우고 익히는 데 필요한 기본 역량, 즉 뛰어난 언어(국어와 영어) 능력과 수학 능력만큼은 반드시 길러야 한답니다.

그 이후는 여러분 개개인의 몫입니다. 여기까지는 미래 사회에 등장할 수많은 지식과 기술을 배우기 위한 토대를 다진 것에 불과하지요. 그 다음부터는 정말 여러분 한 사람, 한 사람의 개성과 취향을 살려 자신이 하고 싶은 공부, 일을 찾아 매진하는 것입니다. 그렇게 한다면 어떤 길을 걷더라도 훌륭한 삶을 살 거라고 믿습니다.

여기에 더해 개인적으로 한 가지만 더 말씀드리자면, 기본적인 과학 기술 지식을 습득했으면 하는 것입니다. 과학이란 자연을 관찰하고, 실험과 검증을 통해 지식을 얻는 학문입니다. 이를 명확한 언어와 수학으로 명쾌하게 정리해 둔 것이 순수한 '과학적' 지식이지요.

이런 과학에서 기초가 되는 분야는 물리와 화학입니다. 만약 물리와 화학으로 해설이 불가능한 자연적인 현상이 명백히 존재한다면, 그것은 인류가 지닌 과학 지식 자체가 부족한 경우라고도 볼 수 있습니다. 또한 이미 연구되어 있는 물리와 화학적 원리를 이용해 무언가 새롭게 만드는 방법을 연구하고 알아내는 것은 '공학적' 지식이지요.

과학은 세상을 해석하고 이해하는 가장 좋은 도구 중 하나입니다. 모든 분야에서 합리적이고 올바른 판단을 할 줄 아는 인재가 되려면, 기본적인 과학 지식만큼은 꼭 갖추어 주기를 당부하고 싶답니다.

언어와 수학, 그리고 과학. 각종 IT 기술과 미래 산업에 대한 이해.

4차 산업혁명 시대에는 공부할 것이 참 많다고 생각하실 수 있습니다. 하지만 이런 공부들은 우리가 지금까지 학교에서 쭉 해오던 것들입니다. 이런 기본적인 과목들이 4차 산업혁명 시대에 왜 필요한지를 한 번 더 고민해 본다면, 그저 수동적으로 받아들이던 학교 공부도 더 적극적으로 받아들일 수 있을 거라고 생각해 봅니다.

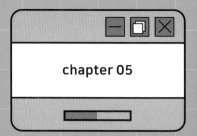

chapter 05

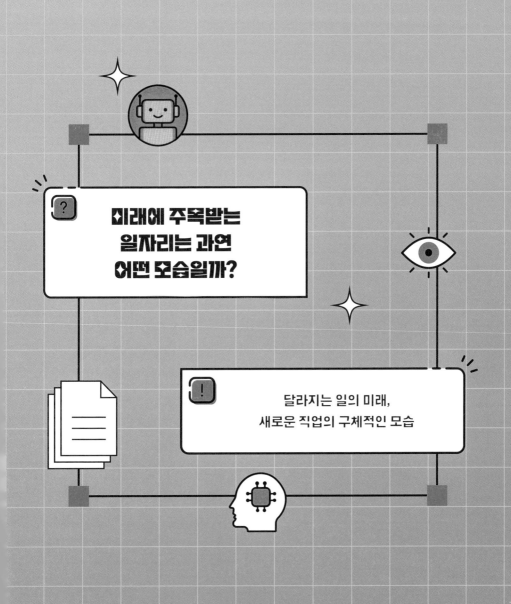

미래에 주목받는
일자리는 과연
어떤 모습일까?

달라지는 일의 미래,
새로운 직업의 구체적인 모습

지금의 직업이 사라지게 된다면 어떻게 해야 할까?

인공지능AI으로 대표되는 4차 산업혁명 시대가 시작되면서 많은 사람들이 가장 걱정하는 건 뭘까요? 영화 '터미네이터'에서 본 '기계들의 반란'일까요? 물론 그런 걱정을 하는 사람도 있지만, 막상 눈앞에 닥친 현실에서 기계의 반란을 떠올리는 분들은 그리 많지 않습니다. 당장 수십 년 안에 그런 일이 생길 거라고 여기지 않고, 아직 그 정도의 과학적 지식과 기술이 충분하지 않다는 것을 피부로 느끼고 있기 때문입니다.

그보다 당장 사람들이 관심을 갖는 건 '일자리' 문제가 아닐까 생각합니다. 기술이 발전하면서 사회 구조가 변한다는 건, 결국 사람의 직업 형태가 변하는 거라는 의미로 해석하는 것이지요. 예를 들어 인공지능 자율주행 자동차가 등장한다는 이야기를 들으면 많은 사람이 "사람이 힘들게 운전할 필요가 없다니, 더 안전하고 편리한 세상이 오겠군."이라고 생각하게 되겠지요. 하지만 이 이야기를 듣고 걱정하는 사람도 있을 겁니다. 운전기사라는 직업이 사라지면서, 그 일을 하던 사람들이 더 이상 돈을 벌지 못하게 될까 걱정하는 것이지요.

실제로 인공지능이 도입된 자율주행차가 널리 쓰이면 사람이 운전할 필요는 없어지게 됩니다. 운전으로 즐거움을 얻는 '스포츠 드라이빙'의 영역은 점차 큰 시장으로 성장할 가능성도 있습니다. 하지만 그 이

외의 영역, 즉 단순히 사람이나 짐을 먼 곳까지 이동시키기 위해 사람이 직접 자동차나 버스, 오토바이 등을 운전하는 이유는 사라지는 것이지요. 이 뜻은 직업으로 운전을 하는 사람, 예를 들어 버스나 트럭, 택시 운전기사가 필요 없어진다는 뜻도 됩니다. 이런 이야기를 들으면 운전기사, 혹은 가족 중 직업으로 운전하는 분들은 "나나 우리 가족이 직장을 잃으면 어떻게 하지?" 같은 현실적인 걱정을 하는 것이 당연합니다.

그렇다면 우리의 일자리는 어떻게 변할까요. 정말로 컴퓨터와 AI, 로봇이 모든 일자리를 잠식하고 우리 대다수는 실업자가 되는 세상이 오게 될까요?

talk 5

컴퓨터 프로그래머만
살아남는 세상이 온다고?

앞서도 여러 번 언급했습니다만, 인공지능 시대, 4차 산업혁명 시대가 와도 사람들의 일자리가 사라지는 것은 아닙니다. 세상이 변화한다고 해서 현재 직업이 모두 사라진다고 보는 건 무리가 있지요.

미래에 새로운 산업이 생겨나면서, 새로운 직업 역시 생겨나기 마련입니다. 어떤 직업이 생겨날지는 지금 당장 알 수 없지만, 생겨나는 직업의 종류가 지금보다 훨씬 더 많을 것이라는 사실만큼은 명백하게 예측할 수 있답니다.

이것은 과거를 돌아보면 알 수 있습니다. 자동차가 세상에 처음 등장했을 때 분명 마차를 모는 마부나 인력거를 끄는 인력거꾼은 생계를 걱정했을 것입니다. 이런 일을 하던 분들은 지금 거의 남아 있지 않습니다만, 잘 생각해 본다면 인력거를 끄는 사람이 일자리를 걱정하지 않아도 된다는 것을 알 수 있습니다.

인력거를 끌던 분들이 갑자기 전문 투자자나 의사, 과학자, 컴퓨터 프로그래머가 될 수는 없었을 겁니다. 하지만 그들이 길지 않은 기간 동안 크게 어렵지 않은 교육을 받고 할 수 있는 새로운 직종도 충분히 생겨나게 됐지요. 사람들은 조금만 노력해 면허증을 따서 자동차 운전기사를 할 수 있게 됐습니다. 조금 더 긴 시간을 공부하고 일을 배운다면 자동차 부품 판매, 수리 등을 할 수도 있습니다. 자동차를 만드는 공장에 취직할 수도 있고, 세차 같은 서비스업에 종사할 수도 있지요. 물론 더 긴 시간 동안 노력해 새로운 자동차를 개발하는 과학자나 엔지니어가 된 사람도 있을 것입니다. 이 중 어떤 것이든 마차를 몰거나 인력거를 끄는 것보다는 더 편하고 더 많은 돈을 벌 확률이 높습니다.

이런 직업들은 전부 자동차가 세상에 등장하면서 새롭게 생겨난 직업입니다. 운송 수단이라고는 마차나 인력거가 전부였던 세상보다 훨씬 더 편하고, 돈도 많이 벌 수 있겠지요. 더구나 자동차가 세상에 등장했다고 해도, 마차나 인력거가 어느 한 순간에 다 사라지는 것은 아닙니다. 자동차가 세상에 보급돼 그 시장이 성숙될 때까지 충분한 시간이 있습니다. 이때가 되면 사람들은 자연스럽게 다른 직업

과거의 인력거 일

현재의 인력거 일

과거와 현재, 인력거를 끄는 일의 역할과 만들어 내는 가치가 달라졌다

을 찾습니다. 이미 자동차가 널리 다니는 시내 한복판에서 인력거를 끄는 것보다는, 짧은 교육을 통해 다른 일을 찾는 것이 더 유리하다는 판단은 누구보다 본인들이 먼저 알 수 있기 때문입니다.

물론 자동차가 보편화되더라도 '나는 마차가 좋다. 세상이 어떻게 바뀌든 나는 마부 일을 하겠다'고 생각하는 사람도 있을 수 있습니다. 그럴 경우에는 여전히 그 일을 할 수 있는 방법도 있습니다. 지금도 마부, 인력거꾼이라는 직업은 여전히 존재한다는 것을 보면 알 수 있습니다. 물론 현대의 마부는 과거와 분명 다른 역할을 합니다. 현대 사회에서 안전하게 마차를 운영하려면 교육과 공부를 통해 말을 다루는 방법을 알아야 하고, 마차가 주로 운행되는 관광지 등에서 준수해야 할 규칙과 규약도 익혀야 합니다.

직업의 역사로 살펴보는 미래 직업의 변화

지금까지 인류의 역사는 그랬습니다. 과학과 기술이 발전할수록, 그만큼 어떤 직업을 선택할지, 그 여지가 점점 늘어났습니다. 인류 사회가 선진화되고 문명이 고도로 발달할수록 직업의 수는 점점 더 많아지기 때문이지요.

예를 들어 아프리카의 한 부족을 생각해 봅시다. 이 사회에 사는 사람은 직업이라는 것이 따로 존재하지 않습니다. 남자들은 누구나 사냥을 하고, 여자들은 누구나 채집을 하지요. 남녀에 따른 역할 구분이 있을 뿐, 직업의 개념도 없는 사회이지요. 그런데 만약 이곳에 누군가 농사짓는 방법을 전파했다고 생각해 봅시다. 이 경우 사냥을 여전히 계속하는 사람도 있고, 사냥을 포기하고 매일 농사를 짓는 사람도 생길 것입니다. 그 다음에는 어떤 일이 벌어질까요. 비료를 만들어 파는 사람, 농기구를 만들어 파는 사람이 생겨나겠지요.

만약 이 지역에 물을 공급하는 수도 시설이 도입되면 어떻게 될까요? 수도관을 고치는 사람, 수도 공급 시설을 관리하는 사람, 가정마다 수도관 공사를 해주는 사람이 생겨납니다. 수도 요금을 책정하고 계산하는 사람도 생겨나겠지요. 수도꼭지나 배관을 만들어 파는 사람도 생겨나지 않을까요? 도로가 생긴다면? 자동차가 들어온다면? 고층 빌딩이 생긴다면 어떻게 될까요? 아프리카 부족들은 처음 자기들이 하던 사냥을 못하게 될까 봐 불안해해야 할까요?

인공지능 시대가 온다면 우리가 선택할 수 있는 직업 세계는 어떻게 변할지 누구도 정확히 알 수는 없습니다. 하지만 이런 미래 예측을 실제로 해보는 전문가들도 있습니다. 실제로 전문 기관의 예측에 따르면 4차 산업혁명 이후 인간의 일자리에 많은 변화가 일어날 것으로 예상된답니다. 예를 들어 2023년 7월 컨설팅 업체 맥킨지 글로벌 연구소는 "2030년까지 미국 내 근로자가 하는 일의 3분의 1이 인공지능과 로봇으로 대체될 수 있다."고 전망했답니다. 생성 인공지능의 발달로 이 추세에 가속도가 붙을 수 있다는 의미로 보입니다. 거기에 따라 2030년 말까지 최소 1200만 명의 노동자가 직업을 바꿔야 할 것으로 보인다고 전망했어요. 그중에서도 사무 보조, 음식 서빙, 고객 응대, 기계 작동, 상품 운반 등 저임금 일자리가 빠르게 대체될 것이라고 맥킨지는 예상했지요.

이 말을 듣고 '그렇다면 그만큼 그 일을 하는 사람의 숫자는 더 적어지는 것 아니냐'고 생각할 수 있습니다. 하지만 이런 우려가 큰 의미가 없다는 것도 조금만 더 생각해 보면 알 수 있답니다. 직업군의 변화가 생기면 현 직업군의 비율이 감소하는 것은 당연한 일이기 때문입니다.

세상에 컴퓨터가 등장하기 전, 우리는 서류를 만들 때 사람이 모두 숫자를 써서 기입해야 했습니다. 회사에서 서류를 하나 만들고 결재받기 위해서 사람이 굉장히 많은 일을 해야 했지요. 여러분은 잘 모르실 수도 있습니다만, 옛날에는 '스텐실' 방식이라고 해서, 끈적한 잉크가 묻은 롤러를 종이 위에 얹은 필름 위에 문질러서 서류 양식을 손으로 찍어 내는 일이 많았습니다. 회사마다 서류 양식이 다를 테니 문구점에서 그런 서류를 만들어 팔지도 않았습니다. 따라서 회사 안에서 그런 서류를 찍어 주는 사람이 따로 있었습니다. 회사 규모가 작은 경우에는 신입 사원들이 주로 그 일을 맡기도 했지요. 저도 군대 행정병 시절에 손에 잉크를 묻혀 가며 이런 서류 양식을 하루 종일 잔뜩 찍어서 만들어 두던 기억이 납니다.

그런데 지금 세상은 누구나 컴퓨터로 서류를 만들고, 프린터로 출력합니다. 인쇄 버튼만 누르면 깨끗하고 예쁜 종이에 아름다운 서식이 척척 그려지지요. 그것도 부족해 이제는 종이도 필요 없는 세상이 됐답니다. 노트북 컴퓨터나 태블릿 PC, 스마트폰 등을 들고 다니면서 전자 결재를 척척 올리거나 결재할 수 있는 세상이 됐습니다. 인터넷에 올려 둔 파일을 여러 사람이 동시에 수정하는 일도 가능해졌습니다. 이제 애써서 결재 받는다고 사장님, 부장님 방 앞에 줄을 서는 일도 거의 없어졌지요.

그런데, 그만큼 일거리가 줄었으니 직장을 다니는 사람의 숫자도 줄어들었을까요? 그렇지 않다는 것을 여러분도 더 잘 아실 것입니다. 반대로 직업의 숫자가 더 많아졌지요. 컴퓨터를 만들고 파는 사람, 수리해 주는 사람, 전산 시스템을 설치하고 점검해 주는 일이 새롭게 생겨났습니다. 사무용 프린터를 만드는 일도 생겨나고, 거기에 공급하는 A4크기의 복사용지를 만드는 회사도 생겨났으니까요.

일자리는 분명히 줄어든다
그리고 더 많은 일자리가 생겨난다

인공지능을 중심으로 한 자동화 기술 역시 마찬가지입니다. 인공지능 기술이 도입되면 지금까지 사람이 애써서 자료를 정리해 결론을 내던 단순한 작업을 자동으로 처리할 수 있게 됩니다. 너무도 편리하고, 너무도 유리하니 이 기술의 확산을 피할 수는 없을 것입니다. 그만큼 인공지능 시스템을 만들고, 그 시스템을 이용해 새로운 발명품을 만드는 사람도 생겨나게 됩니다. 그 말은 지금까지 생각도 못했던 수많은 직업이 새로 생긴다는 뜻입니다.

예를 들어 요즘 '웹툰 작가'라는 말을 모르는 사람은 거의 없을 것입니다. 인터넷 홈페이지에 올릴 만화를 그리는 직업이지요. 제가 어

과거의 만화가가 종이 위에 잉크와 물감으로 만화를 그렸다면,
이제는 컴퓨터 장비를 써서 만화를 그리게 되었다

릴 적만 해도 만화가는 그냥 '만화가'였고, 종이 위에 잉크와 물감으로 그림을 그렸습니다. 그 원고를 출판사에 가져다주면 필름을 떠서 인쇄기에 넣고 대량으로 찍어서 책을 만들지요. 하지만 컴퓨터 기술이 발전하면서 만화가의 일도 크게 달라졌습니다.

사람들은 만화를 그릴 때 컴퓨터 장비를 이용하기 시작했지요. 그리고 이제 그 원고를 프린트하거나 책으로 찍어 내는 일은 크게 줄어들었습니다. 대신에 인터넷 홈페이지에 적합한 형식으로 컴퓨터 장비를 써서 원고를 그린 다음, 그대로 웹 페이지에서 대중들에게 선보입니다. 즉 웹툰webtoon을 그려 내는 것이지요. 컴퓨터와 정보화 기기의 발전, 그러니까 3차 산업혁명이 없었다면 웹툰 작가라는 직업은 세상에 태어나지 못했겠지요.

마찬가지로 4차 산업혁명 시대에도 수많은 직업이 새롭게 등장할 것입니다. 이 말이, 여러분이 그 직업을 반드시 선택해야 한다는 의미는 아닙니다. 1차 산업혁명 이전에 등장한 직업이어도 충분한 부가 가치를 생산하며 행복한 직업으로서 가치를 지닐 수 있습니다. 네덜란드나 호주 같은 나라는 여전히 농업이 주된 산업입니다. 첨단 기술이 아니지만 그 나라의 국민 소득은 세계 어느 선진국 부럽지 않게 높고 삶의 질도 높답니다.

물론 정보란 많을수록 좋습니다. 여러분이 과거부터 있던 직업을 선택해도 좋습니다만, 새로운 시대에 등장할 직업이 어떤 것인지 알고 있다면, 적어도 내가 어떤 직업을 영위하며 살아갈지를 선택하는 폭이 훨씬 넓어집니다. 그런 의미에서 미래의 직업을 엿보는 것은 큰 의미가 있답니다.

하지만 꼭 기억해야 하는 것은, 농사를 짓는 1차 산업이건, 각종 기계 장치를 만들어 파는 2차 산업이건, 인터넷 서비스를 하는 3차 산업이건, 혹은 인공지능과 로봇 기술로 무장한 미래의 4차 산업이건 관계없이, 여러분의 눈앞에 무궁한 직업의 세계는 항상 열려 있다는 사실입니다.

미래의 유망 직업을 엿보다

신기술이 만들어 내는 사회 문화 속에서 우리가 상상도 하지 못한 다양한 직업도 속속 등장할 것입니다. 미처 셀 수 없을 만큼 많은 직업이 등장하겠지만, 미래란 시대의 주역들이 어떤 일을 펴 나가느냐에 따라 크게 바뀝니다. 그러니 지금 그 모든 것을 알 수 있는 상황은 아닙니다.

하지만 객관적인 분석에 따라 '이런 직업이 주목받는다'는 예측 정도는 가능하지요. 지금부터 소개할 직업들은 전문 기관, 분석 기관, 미래학자, 각종 언론 매체에서 '미래의 직업'으로 소개한 바 있는 직업들을 중심으로 제 나름의 기준에 따라 분류해 놓은 것들입니다. 예측이란 맞을 수도, 틀릴 수도 있습니다. 하지만, 많은 전문가들이 이런 직업들이 새롭게 각광받을 것이라고 본다는 점에서 적잖은 의미가 있다고 여겨집니다.

➪ 인공지능·데이터 처리 분야 개발자

가장 먼저 보아야 할 직업군은 역시 컴퓨터 기술 전문가입니다. 고도의 수학적 능력과 컴퓨터 구조를 명확하게 이해한 인재는 앞으로 더 많이 주목받을 것입니다.

3차 산업혁명인 정보화 시대에는 컴퓨터 기기끼리 정보를 주고받는 기술, 즉 정보통신 기술이 혁명의 중심에 있었습니다. 그러니 컴퓨터 장비를 만들고, 고치고, 인터넷과 컴퓨터 장비를 이용해 어떤 일을 할 수 있도록 소프트웨어를 개발하는 직업이 새롭게 생겨났지요. 또 그렇게 만들어진 인터넷 문화 속에서 또다시 다양한 직업이 생겨나게 됐지요. 그러다 보니, 4차 산업혁명의 핵심인 인공지능, 로봇 기술 등도 모두 컴퓨터 기술과 큰 관계가 있습니다.

코딩을 할 줄 안다면 직업을 구할 때 더 유리하겠지만, 코딩을 할 줄 안다고 스스로 미래의 인재라 생각하는 일은 없었으면 합니다. 이미 인공지능이 기초적인 코딩을 자동으로 할 수 있는 세상이 오고 있기 때문입니다. 3차 산업혁명 초기처럼 코딩 기술 하나만 갖고 경쟁

력이 있다고 이야기하긴 어렵습니다.

미래는 콕 집어 보자면, 사회 전반에 인공지능이 도입될 것입니다. 이 인공지능들은 각기 특정 분야에서만 사용할 수 있습니다. 예를 들어, 바둑 인공지능 '알파고'의 성능을 아무리 크게 높여도, 바둑 실력이 좋아질 뿐 다른 일은 잘 못한다는 걸 생각하면 쉽게 이해될 것입니다. 다른 일을 시키려면 처음부터 개발을 다시 해야 하지요.

그렇기에 인공지능은 지금까지 수많은 사람들이 '반복해야 했던 단순 작업'을 대체해 일하게 될 것입니다. 이 말은 한 단계 더 생각해 보면 그런 역할의 인공지능을 만드는 사람, 즉 △인공지능 개발자가 사회적으로 주목받게 될 것입니다.

이와 동시에 △빅데이터 분석 전문가 △슈퍼컴퓨터 개발자 역시 크게 주목받을 것입니다. 누구나 들고 다니는 스마트폰, 노트북 컴퓨터 등에서 동작하는 인공지능이 있는가 하면, 고성능 슈퍼컴퓨터에서만 동작하는 인공지능도 필요합니다. 여기에 필요한 대용량의 데이터를 처리하는 능력을 지닌다면 더 많이 활약하게 되겠지요.

➡ 자율 기계(로봇) 전문가

'로봇'이라는 단어는 너무도 광범위하게 쓰여 그 의미가 다소 모호합니다만, 4차 산업혁명이라는 관점에 맞춰 로봇의 기준을 생각한다면 어느 정도 구분할 수 있을 것 같습니다. 한마디로 인공지능이나 사람이 만들어 준 소프트웨어의 제어를 받아 자율적으로 움직이는 '기계 장치'로 이해한다면 가장 문제가 없을 듯싶습니다. 이 기준에 따르면 우리 생활 속에서 움직이는 자율주행 자동차, 자율비행 장치(드론), 자율주행 선박 등도 로봇인 셈입니다. 이 단락에서 로봇은 그런 의미로 이해해 주길 바랍니다.

미래에는 직접 사람의 실생활을 도울 로봇 시스템을 개발하고 관리하는 일의 수요가 크게 늘어날 걸로 기대됩니다. 로봇이 사람이 해야 할 크고 작은 번거로운 일을 대체하게 된다면 당연히 그 로봇을 만들고 관리할 전문 기술자나 지식인들이 대우받게 될 것입니다.

미래에는 정말로 다양한 형태의 로봇이 태어날 것입니다. 공장에서 사람 대신 일하는 로봇, 요리를 하는 로봇, 청소를 하는 로봇, 택배 배달용 로봇, 주차 도우미 로봇 등 다 헤아리기도 어려울 정도로 많은 일을 로봇이 하게 됩니다. 이처럼 완전하게 새로운 로봇을 연구하고 개발하는 △로봇 공학자의 중요성은 아무리 강조해도 지나치지 않겠지요.

고성능 자율주행차를 전문으로 연구하는 △자율주행차 개발자, 이런 자율주행차의 완전한 운전과 정비를 돕는 △자율주행차 엔지니어 등도 필요한 직업이 될 것입니다. 같은 의미로 △드론 개발자 △자율운전 선박 시스템 개발자 등도 이미 세계적으로 주목받는 미래 직업 중 하나랍니다.

여기에 그동안 이야기하지 않은 한 가지를 더해 보려 합니다. 바로 사람이 입고 벗는 웨어러블 로봇입니다. 웨어러블 로봇이란 웨어러블 기기와는 다릅니다. 웨어러블 기기는 사람이 안경이나 시계, 반지처럼 몸에 착용하고 인체 데이터를 측정하거나, 간단한 데이터를 수시로 보여 주는 착용형 정보 기기를 뜻합니다. 반면 웨어러블 로봇은 인간의 육체 활동을 보조하는 역할을 합니다. 영화 '아이언맨'에서 주인공이 입고 등장하는 슈트를 생각하면 이해하기 쉬울 것입니다.

입으면 힘이 세지고, 팔다리 거동이 불편한 장애인들에게도 도움이
되지요. 이런 로봇을 개발하고 보급하는 △웨어러블 로봇 개발자, 웨
어러블 로봇을 사람의 몸에 꼭 맞게 세팅해 주는 △웨어러블 로봇 조
정사 △웨어러블 로봇 정비사도 미래 사회에 중요한 직업으로 떠오
를 전망입니다.

사실 로봇 분야는 직업 수행을 위한 감각이 다들 어느 정도 비슷한
면이 있습니다. 어느 분야건 기계 기술 개발자라면 각종 기계 장치를
스스로 만들고, 이를 소프트웨어로 제어해 원하는 작업을 수행하는
일이 당연한 덕목이기 때문입니다. 따라서 드론이나 자율주행차를
포함해 로봇 분야 기술들은 의외로 일맥상통하는 부분이 많지요. 아

마 이 여러 가지 중 하나를 할 줄 안다면, 다른 분야로 진출하기도 한층 쉬울 것으로 생각됩니다.

➪ 로봇 제어 시스템 개발·관리자

로봇을 개발할 뿐만 아니라, 이런 로봇을 안정적으로 운전할 수 있는 '시스템 관리자'의 역할도 한층 중요해질 것입니다. 미래는 사람이 아니라 로봇이 일하는 경우가 많습니다. 그리고 사람은 이런 로봇을 총괄적으로 관리, 감독하는 일을 할 것입니다.

물론 로봇에게 지휘봉을 들고 소리를 쳐서 일을 시킬 리가 없습니다. 우리는 로봇이 자율적으로 움직이는 규칙을 만들고, 그 규칙을 계속 수정, 보완하면서 로봇을 제어할 것입니다. 예를 들어 어떤 사람이 새로 공장을 만들었고, 그 공장에서 물건을 생산하는 로봇을 여러 대 두려고 한다고 해봅시다. 그 경우, 공장에 맞게 로봇을 제어할 시스템도 필요해집니다. 그렇다면 로봇을 제어하는 총괄적인 시스템을 개발하는 사람, 즉 △로봇 제어 시스템 개발자가 있어야 할 것입니다. 또 그런 시스템을 계속 관리하고 운영하는 △로봇 제어 시스템 관리자 역시 있어야 합니다.

이 일은 인공지능 스스로 일하도록 만들고, 이것을 사람이 통제해야 하는 모든 자동화 분야에서 필요해질 전망입니다. 꼭 공장이나 로봇에만 국한된 것이 아닙니다. 모든 기능이 자율화된 도심 빌딩, 복잡해진 미래형 업무 시스템 관리를 전문으로 하는 △빌딩 제어 시스템 개발자 △시설물 제어 시스템 관리자 △자동화 물류 시스템 개발자·관리자 등도 같은 맥락에서 새롭게 주목받을 것입니다.

앞으로 자율주행 시스템, 자동화 로봇이 하늘(드론), 땅(자율주행차), 바다(자율운전 선박·잠수함), 공장(생산용 로봇) 등 모든 곳에서 점점 널리 쓰이게 될 것입니다. 사람이 일일이 운전이나 조종을 하지 않아도 자율적으로 주어진 동작을 충실히 이행하는 기계들이지요. 하지만 이 수많은 기계 장비들이 사람의 통제를 벗어나 움직이는 것은 현실적으로 큰 문제가 있을 수 있습니다.

이 때문에 대부분의 운전은 자율에 맡기지만, 꼭 필요할 경우에는 사람이 개입해야 합니다. 즉 세상을 뒤덮고 있는 수많은 로봇을 통제할 수 있는 전문가가 꼭 필요한 것이지요. 그리고 그 역할도 점점 커지리라 기대됩니다. 간단한 예를 들어 볼까요. △드론 조종사 △도심 교통 시스템 설계자 △자율주행 차량 관제사 등을 꼽을 수 있을 것입니다.

가까운 미래에는 사람이 대형 드론을 타고 옆 건물 옥상으로 날아가는 '도심형 드론 택시'도 실용화될 것으로 기대됩니다. 이 기술이 실생활에서 쓰이려면 △드론 택시 관제사의 역할도 반드시 필요합니다. 이 기술의 가장 안전한 방식은 사람이 드론에 탑승한 채 이륙 신청을 하고 기다리면, 관제사의 제어를 받아 자동으로 운행을 시작

해 원하는 곳에 자동으로 착륙시켜 주는 형태입니다. 이 경우에도 위험 회피, 목적지까지 최적의 코스 계산, 드론의 출력 및 방향 조종 같은 것은 모두 드론에 설치된 인공지능이 담당하겠지요. 도시 곳곳을 날아다니는 드론 택시를 일괄적으로 관리하는 일조차 인공지능이 참여할 것입니다. 그러나 이런 시스템 운영 자체를 결정하고 판단하는 일, 돌발 상황이 생겼을 때 즉시 대처하고 해결 방안을 세우는 일은 인간 관제사가 맡을 것입니다.

꼭 택시만 관제사가 필요한 것은 아닙니다. 사람이 탑승하지 않아도 하늘을 날아다니는 드론은 자칫 큰 사고로 이어질 수 있습니다. 테러 등으로 악용될 소지도 큰 물건이랍니다. 그렇기에 이런 드론의 운전과 제어 시스템을 운영하는 관제사의 역할은 앞으로 점점 커질 것으로 기대됩니다.

사실 조금 특수한 분야입니다만, 이와 비슷한 일자리가 이미 있습니다. 공항에서 비행기의 이륙과 착륙을 관리하는 △항공 관제사, 지구 궤도에 떠 있는 인공위성을 제어하는 △위성 관제사는 세계 각국의 관제 기관에서 일합니다. 이들은 인공위성을 직접 개발하지는 않습니다. 하지만 인공지능의 원리, 전체 시스템을 두루 이해하고, 인공위성끼리 충돌하는 사고를 막기 위해 주야로 위성 시스템을 점검하지요. 미래에는 첨단 인공위성의 수요도 점점 늘어날 것이라, 앞으로도 다양한 분야의 관제사 역할은 더 커질 것입니다.

➡ 통신 및 보안 전문가

로봇 시스템이 사회에 뿌리를 내리려면 뛰어난 통신 기술이 꼭 뒷받침되어야 합니다. 새로운 로봇 시스템이 개발되면, 그 시스템을 제어할 고유의 통신 기술도 새롭게 필요할 수 있으니까요.

수많은 로봇이 제어 관리 시스템에 연결되어야 하고 로봇끼리도

서로 통신해야 하는데, 그때마다 적합한 통신 시스템을 고려해야 합니다. 이 기술은 로봇 제어 시스템 개발자의 영역이라고 생각할 수 있지만, 전체 시스템을 설계하는 것과 통신 제어 기술 하나만 개발하는 것은 전혀 다른 영역입니다. 아마도 개발 과정에서 두 전문가 그룹이 협업할 가능성이 큽니다. 작은 규모의 제어 시스템이라면 이미 개발돼 판매되는 통신 기술을 이용하게 되겠지요. 즉 새로운 통신 시스템을 개발하는 △통신 규약 개발자는 미래 사회가 될수록 점점 더 중요해지는 역할입니다.

이 과정에서 통신 기술을 안전하게 사용할 수 있도록 돕는 '보안 기술'의 중요성도 주목받게 됩니다. 만일 누군가 나쁜 마음을 먹고 다른 사람의 로봇을 마음대로 해킹해 조종하거나, 하늘을 나는 드론을 가로채 테러에 이용해 버린다면 어떻게 해야 할까요? 그런 부작용이 생길 염려는 항상 있을 것입니다. 이런 일이 벌어지지 않도록 철저하게 안전한 시스템을 설계하는 전문가, 즉 △로봇 시스템 보안 기술 개발자 △로봇 시스템 통신 보안 기술 개발자의 역할이 더 중요해질 것입니다.

이런 기술은 군사 기술로 응용될 여지가 큽니다. 민간의 뛰어난 기술이 군사용으로 들어가기도 하고, 군사용으로 개발된 첨단 기술이 차츰 민간용으로 쓰이는 건 지금도 가능한 일들입니다. 따라서 특화된 보안 기술이 필요한 △국방 보안 시스템 개발자도 꼭 필요한 직업

이라고 여겨집니다.

4차 산업혁명 시대에 새롭게 등장하는 직업은 아닙니다만, 더욱 각광받을 전문가들도 있습니다. 발달하는 인터넷, 통신, 로봇 기술 덕분에 인간끼리 소통하는 소셜네트워크서비스SNS 역시 더 각광을 받게 되겠지요. 그 결과 △SNS 보안 전문가, 사이버 범죄를 막는 △디지털포렌식 수사관, 그리고 △사이버 게임 보안 기술 개발자의 수요도 늘어날 것으로 예상된답니다.

➡ 의료·헬스케어 시스템 전문가

문명이 발전할수록 사람들은 건강에 관심을 갖기 마련입니다. 뛰어난 로봇 기술과 인공지능 기술은 의료, 건강한 삶을 돕는 헬스 케어 산업 발전에도 크게 공헌할 것입니다.

의료용 인공지능 '왓슨'의 등장으로 "미래에는 의사조차 직업을 잃을 것"이라고 주장하는 사람이 많습니다. 하지만, 개인적으로 이 의견에 동의하기는 어렵습니다. 왓슨은 컴퓨터 속에서 최고의 치료 방법을 분석해 보여 주는, 일종의 치료 방침 제안 서비스로 이해해야 합니다. 의사가 환자를 1차로 검진하고, 필요한 검사를 하고, 최종 결정을 하는 데 왓슨을 활용할 뿐이지요. 따라서 적어도 수십 년 이내에 의사 직군의 수요가 크게 줄어들지는 않을 것으로 생각됩니다. 도리어 새롭게 등장하는 의료 영역 전문가와의 협업이 더 늘어날 것입니다.

수많은 의료 정보를 보관하고 관리하는 △의료 데이터 분석 과학자, 전문적인 의료 장비를 개발하는 △의료 기기 공학자 등도 미래에 등장할 직업이 되겠지요. 여기서 갈라져 나와 노령 인구나 장애인, 즉 거동이 불편한 사람들을 돕는 로봇 시스템을 연구하는 △실버 케어 로봇 공학자 역시 주목받을 직업으로 보입니다.

일상에서 건강한 생활을 하도록 돕는 헬스 케어 제품에 대한 수요도 늘어날 전망입니다. 인터넷을 통해 수많은 회원들의 건강 정보를

관리하는 △유헬스 매니저 같은 직업도 생겨나겠지요. 또 정신과 치료를 돕거나, 더 행복한 생활을 위해 다양한 제품과 서비스를 개발하는 데 도움을 줄 △감성 인지 기술 전문가 역시 미래에 활약할 직업 중 하나로 생각된답니다.

◆ 센서·인터페이스 기술 전문가

미래에는 각종 정보 기술이 로봇, 인공지능과 결합되어 나타날 텐데, 이것의 성공 여부는 우월한 조작성에 달려 있습니다. 애플이 스마트폰의 대중화를 이룬 건 최초로 스마트폰 개발에 성공했기 때문이 아닙니다. 이미 세상에 나온 기술을 누구나 쓰기 편리하게 가다듬은 것, 즉 사람과 스마트폰 사이를 연결하는 '인터페이스'를 잘 연구했기 때문입니다. 애플의 성공 요인은 좁은 스마트폰 화면에서 화면 출력과 정보 입력을 동시에 할 수 있도록 만든 '터치스크린' 기술, 목소리로 컴퓨터 조작이 가능한 '음성 인식' 기술을 꼽을 수 있습니다. 음성 인식 기술은 아직까지 주된 정보 입력 수단은 아니지만, 휴대용 기기에서 더 매력적인 요소가 되어 갈 것입니다. 이와 같이 앞으로 각종 전자 기기를 최대한 편리하고 직관적으로 쓰는 방법을 연구하는 △인터페이스 개발자의 중요성도 더 커질 것입니다.

이 분야를 세세하게 나누면 굉장히 다양한 분야가 있습니다. △터치스크린 개발자 △생체 인식 기술 개발자 등도 모두 여기에 속합니다. 최근에는 사람의 홍채나 얼굴까지 인식하는 스마트폰도 출시되었습니다. 이런 기능도 모두 인터페이스 기술의 일환으로 볼 수 있지요. 소리만으로 컴퓨터를 제어하는 △음성 인식 기술 개발자도 여기에 속한답니다.

음성 인식 기술과 함께 차세대 기술로 주목받고 있는 건 '생각만으로' 컴퓨터를 조작하는 '인간-컴퓨터 연결 장치HCI' 또는 '두뇌-컴퓨터 연결 기술BCI'이지요. 이 기술은 아직 실용화 단계는 아니지만 현재 전 세계적으로 주목받고 있어 조만간 해결책도 제시될 겁니다.

이렇게 사람과 컴퓨터를 연결하기 위해서는 각종 센서 기술이 중

요합니다. 그만큼 여러 가지 센서를 개발하는 △전문 센서 개발자의 역량도 중요해진답니다. 현재까지 인류가 개발한 기술로는 압력을 감지하는 감압 센서, 빛을 감지하는 감광 센서, 열을 감지하는 감열 센서, 전류차를 감지하는 전류 센서 등이 있습니다.

이런 센서를 응용하면 굉장히 많은 것들을 만들 수 있답니다. 지구 상의 현재 위치를 감지하는 'GPS(인공위성위치확인시스템)', 카메라로 화상을 해석하는 '화상 감지 시스템', 전파로 주변을 확인하는 '레이더 시스템', 레이저 광선으로 주변 이미지를 읽어 내는 '라이다 시스템' 등도 기초 센서 기술에서 나왔지요.

기계 장치에서 쓰이는 동작 센서에도 꽤 여러 종류가 있지요. 예를 들어 각종 기계 구동 장치는 움직이는 힘의 크기를 '토크'라고 부르는데, 이런 힘을 측정하는 '토크 센서', 움직임의 속도를 측정하는 '가속도 센서' 등이 있습니다. 모두 다 헤아리자면 끝이 없을 정도입니다.

이런 기술들은 인터페이스 분야는 물론, 각종 로봇 장치를 개발하는 데도 쓰입니다. 힘을 키워 주는 웨어러블 로봇, 차세대 스마트폰 등을 만들어 내는 데도 큰 보탬이 됩니다. 그에 따라 이 분야에서 활약하는 △HCI(인간컴퓨터연결) 기술 개발자 △인공 감각 기관 개발자의 역할도 커지리라고 기대됩니다.

◆ 문화 기술 전문가

새로운 기술 사회가 성숙될수록, 그런 기술을 이용해 문화적인 수요를 만들어 내는 사람들도 생겨납니다. 예를 들어 인터넷으로 누구나 동영상 서비스를 주고받게 되면서 '유튜버'라는 직업이 새롭게 등장했습니다. 유튜버들은 간단하고 짤막한 동영상을 어떻게 하면 재미있고 알차게, 또 알기 쉽게 전달할까를 고민해서 만듭니다. 그런 영상을 공유해 많은 사람들이 볼수록 유튜버가 더 많은 돈을 벌게 됩니다.

사실 문화 분야만큼은 기술적인 예측이 아주 어렵습니다. 그 당시에 사회에서 인기를 끄는 문화적, 역사적 사건들이 모여 대중의 인기를 만들고, 그에 따라 새로운 서비스가 자연스럽게 태어나는 것이니까요.

하지만 기술적으로 어떤 전문가들이 활약할지는 대강 예측할 수

있습니다. 바로 각종 문화적 요소를 기술적으로 어떻게 구현할지를 연구하는 '문화 기술 전문 개발자'의 역할을 생각해 보면 되지요.

사람이 인터넷 등으로 문화 정보를 주고받을 때 의존하는 감각은 대부분 두 가지입니다. 바로 시각과 청각입니다. 직접 신경에 연결해 가상 체험을 제공하는 기술도 연구되고 있지만, 그럼에도 이 두 감각은 문화 콘텐츠를 소비하는 인간의 핵심 감각이지요. 따라서 더 좋은 디스플레이 기술, 더 좋은 입체 음향 기술을 만드는 사람들이 주목받는 것도 당연할 것입니다.

새로운 시대가 온다면 사람들은 더 선명하고, 더 가볍고, 더 들고 다니기 편리한 디스플레이 장치를 찾을 것입니다. 지금의 평면 영상보다 훨씬 많은 정보를 주고받을 수 있고 현장감도 큰 '입체 영상'에 대한 관심도 커지겠지요. 그렇다면 △홀로그램 영상 기술 개발자 △실감 영상 플랫폼 개발자 △차세대 디스플레이 개발자의 역할도 커질 것입니다. △입체 음향 기술 개발자 등도 각광받을 것으로 보입니다. 다만, 스피커로 소리를 만들어 내는 기술은 상당 부분 완성되어 있어 영상 기술 전문가보다는 사회에서 큰 자리를 차지하지는 않을 것 같습니다.

이렇게 영상과 사운드 기술이 발전하면 이 기술을 이용해 새로운 컨텐츠를 개발하는 사람도 나오겠지요. 이른바 '뉴미디어 개발자'도 등장할 것입니다. 이런 기술을 이용해 △증강 현실 개발자도 각광받게 되겠지요. 각종 문화재를 디지털 입체 영상으로 촬영하고 정리하는 △디지털 문화재 관리사도 늘어나리라 생각합니다.

➡ 에너지·환경 분야 전문가

사회가 고도로 발달하면 이런 사회를 유지하기 위해 꼭 필요한 것이 '에너지'입니다. 첨단 사회일수록 다양한 에너지가 필요합니다. 이런 에너지를 유지하고 관리하는 것은 인공지능의 도움을 다소 받더라도 꼭 인간이 관여해야 하는 부분입니다.

전기는 발전소에서 만듭니다. 발전소 시스템은 상당 부분 자동화되어 있으나 최종적인 시스템 관리는 인간이 합니다. 더 미래에는 새로운 에너지를 개발하고, 그 에너지를 인류에게 고루 배분하는 과정에 종사하는 전문가, 이른바 '에너지 전문가'의 역할도 커질 것입니다.

가장 먼저 생각해 볼 직업으로 △신재생 에너지 시스템 관리자를 들 수 있겠지요. 여기에는 지금도 대학, 연구 기관에서 많은 사람들이 종사하고 있습니다. 풍력, 태양광 같은 신재생 에너지를 이용하면 전기를 만들 수 있습니다. 하지만 화력이나 원자력 발전에 비해 전력 생산이 안정적이지 못하지요. 그렇다면 이 전력을 저장했다가 다시 나누어 주는 에너지 저장 시스템ESS을 반드시 개발해야 할 것입니다. 따라서 △전력망 관리 전문가 △발전 시스템 안전 관리사 등도 미래 사회에 꼭 필요한 일자리가 될 것입니다.

에너지 시스템을 개발하는 것은 사회 환경과 큰 관계가 있습니다. 차를 달리게 하려고 에너지를 쓰면 대기 오염이 생깁니다. 석탄으로 전기를 만들면 미세먼지 문제, 이산화탄소 배출 문제가 생깁니다. 원자력으로 전기를 생산하면 폐기물 문제를 해결해야 하지요. 이런 에너지의 장단점을 알고 최적의 방안을 고민하는 노력을 기울여야 합니다. 지구 온난화를 일으키는 탄소 가스 배출 권한의 국가 간 거래를 주도하는 △탄소 가스 거래 중개인 △공기질 관리 전문가 등도 유

망 직업이 되겠지요. 각종 첨단 에너지 기술의 환경 영향을 분석하는 △환경 영향 평가사도 꼭 필요한 직업이 되리라 생각합니다.

➡ 과학 기술 해설 전문가

첨단 과학 기술이 발전하면서 이 기술을 사람들이 살아가는 세상 속에 직접 풀어 넣는 이들의 역할이 커질 것입니다. 미래에는 어려운 과학과 기술을 대중에게 알기 쉽게 전달해 주는 '중간자' 역할이 점차 크게 자리 잡을 것으로 보입니다.

과학 기술을 대중이 이해하기 쉽도록 해설하는 △과학 해설사

△과학 전문 칼럼니스트 △과학 전문 기자 등은 이미 지금도 중요한 직업으로 자리하고 있습니다. 여기에 △과학 기술 전문 변리사 △과학 기술 분야 전문 변호사 △기술 전문 통역사 같은 역할은 앞으로 중요해질 것으로 예상됩니다.

중요한 건 단편적인 기술보다 미래를 보는 안목!

요즘 곳곳에서 '로봇 교실'이 인기라더군요. 컴퓨터 코딩 교육도 열풍이라고 합니다. 4차 산업혁명 시대가 열린다는데, 앞으로 학생들이 어떤 공부를 해야 할지에 대해 다들 고민이 많은 것 같습니다. 중요한 점은 코딩 한 줄, 로봇 회로 하나를 더 이해하는 것보다, 미래를 살아가야 할 인재로서 미래 사회에 대한 이해를 높이는 것입니다. 미래 사회를 충분히 이해한다면, 설사 코딩 한 줄 못 짜더라도 사회의 주역으로 살아갈 수 있습니다. 그렇지 않다면 아무리 전문 프로그래머가 되더라도 시대에 뒤처지게 될 것입니다.

3차 산업혁명의 주역은 컴퓨터 기기끼리 정보를 주고받는 기술 즉 정보통신 기술이었습니다. 그러니 컴퓨터 장비를 만들고, 고치고, 인터넷과 컴퓨터 장비를 이용해 일할 수 있도록 소프트웨어를 개발하는 직업이 새롭게 생겨났지요. 또 그렇게 생겨난 인터넷 문화 속에서 다양한 직업이 새롭게 탄생했습니다.

4차 산업혁명 시대에는 '인공지능'과 '로봇 기술'이 그 중심을 차지할 것입니다. 그렇다면 적어도 인공지능과 로봇을 만들고, 관리하고, 그 기술을 이용해 사람들이 필요로 하는 어떤 서비스를 만드는 일이 새로운 직업으로 자리매김할 가능성이 매우 높다고 예측할 수 있지요.

이미 직업 사회의 변동이 일어나기 시작했다면, 새로운 해석을 통해 일에 또 다른 가치를 부여해 계속할지, 아니면 다른 일을 할지를 결정하는 것은 언제나 개개인의 몫입니다. 이 점을 이 땅에서 자라나는 학생들, 그리고 학부모님들께서 꼭 염두에 두었으면 합니다.

저는 우리나라의 학생들이 인공지능 시대에 대해 개개인이 선택할 수 있는 직업의 종류가 더 다양해진다는 의미로 받아들이고, 좀 더 긍정적으로 바라봐 주길 바랍니다. 세상에 새롭게 나타나는 수많은 직업이 당분간 더 많이 주목받을 수 있고, 어쩌면 과거의 직업보다 더 큰 돈을 벌 수 있을지도 모릅니다. 하지만 그 직업을 영위하며 살아가는 것이 과연 자신의 적성에 맞는 일인지, 정말로 행복한 일인지 결정하는 건 어디까지나 미래를 살아갈 자신의 몫입니다.

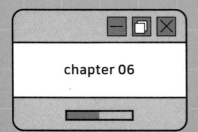

chapter 06

공감 능력을 갖춘 감성형 인간으로 거듭나자

한 가지 가정을 해보고자 합니다. 아직 멀고도 먼 미래가 되어서야 성공 여부를 점쳐 볼 수 있는 이야기입니다만, 기술이 더 발전해 인간이 마침내 강한 인공지능을 만들어 냈다고 가정해 보면 어떨까요?

그런 시대가 됐을 때 우리는 인간보다, 혹은 그 이상으로 똑똑해진 기계를 어떻게 대해야 할까요. 점점 성능이 높아지는 인공지능과 로봇, 그리고 온 세계를 뒤덮는 컴퓨터 네트워크는 결국 우리의 친구가 될까요. 아니면 적이 될까요?

인간이 다른 인간을 하나의 '인격체'로서 대우하는 것은 완전한 자아를 갖추었기 때문입니다. 비록 인공의 지능이라고 하더라도 인간에 필적하는 자아를 갖춘 로봇, 혹은 컴퓨터 프로그램이 존재한다면, 우리는 그 존재를 어떻게 생각하고 대우해야 할까요? 이런 인공지능이나 로봇이 인간과 같은 실수를 하지 못하도록 막으려면 어떤 노력을 해야 할까요?

지금까지 여러 번에 걸쳐 '기술의 발전에 대해 두려운 생각을 가질 필요가 없다'고 이야기한 만큼, 이 책을 보는 여러분도 이제는 기술의 발전이 가져올 장점에 대해 충분히 이해하고 있으리라 믿습니다.

그렇다면 이제는 그 발전이 어떤 모습이 될지, 그 기술이 사회에 미치는 영향은 어떤 것인지를 차근차근 고민해 보는 시간을 가져 보는 것

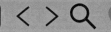

은 어떨까 합니다.

여러분뿐 아니라 많은 과학 기술자 및 법률 전문가, 행정가들도 같은 고민을 했습니다. 기술이 발전할수록, 그 기술을 개발하고 영위할 사람들이 지켜야 할 기본적인 덕목도 마련해야 합니다. 이른바 '인공지능 윤리'에 대해 생각해 보고 대비할 필요성이 앞으로 점점 더 높아져 가겠지요.

그 고민은 그동안 기술의 발전과 의미를 알지 못해서 혼란스럽기 때문에 했던 고민과는 전혀 다른 고민이 될 것이기 때문입니다. 우리 인류가 더 나은 방향을 향해 발전해 나가도록 함께 생각하고, 그 결론에 따라 시대의 변화에 대응하기 위한 노력도 기울여야 합니다. 이런 노력은 미래를 살아갈 여러분의 진로를 결정하는 데도 적잖은 도움이 될 것이라고 믿어 의심치 않습니다.

talk 6

인간보다 뛰어난 기계가 등장한다면

인간보다 뛰어난 기계를 현 시대에서 만들 가능성은 거의 없습니다. 아직 인간은 그런 기계를 만드는 방법도, 원리도 모르고 있으니까요.

하지만 과학적으로 '언젠가는' 만들 수 있는 개연성이 아예 없다고 단정하기는 어렵습니다. 사실 사람의 몸도 과학적인 관점에서 생각해 보면 생체 공학적으로 만들어진 하나의 훌륭한 기계입니다.

인간의 고차원적인 사고방식도 결국 두뇌라는 기관이 만든 복잡한 신경계 활동으로 볼 수 있습니다. 지능만 뛰어난 것이 아니라 효율도 아주 뛰어나지요. 사람의 몸은 하루 2000~3000킬로칼로리

Kcal만 있으면 필요한 에너지를 모두 채울 수 있습니다. 인간이 만든 기계 장치 중 이런 고효율을 가진 것은 없었답니다. 이 정도 열량을 휘발유로 바꾼다면 제 자동차로는 아마 집에서 회사까지 출근하기도 어렵겠지요. 하지만 사람을 비롯해 모든 동물의 신체는 이토록 효율이 좋고 운동성도 좋습니다. 사람의 몸을 이런 효율을 가진 기계로 본다면, 언젠가는 인간이 만든 기계도 이처럼 성능이 좋아질 날이 올 수 있겠지요.

자, 인간이 마침내 강한 인공지능뿐 아니라 효율이 인간의 신체 이상으로 뛰어난 에너지 기관과 구동 기관까지 만들어 내는 데도 성공했다면 어떨까요? 이런 일이 현실이 된다면 모든 컴퓨터 시스템이 인간과 동등한, 혹은 인간보다 더 뛰어난 사고 능력을 갖게 됩니다. 그리고 모든 로봇은 인간이나 동물처럼 적은 에너지만 가지고도 날렵하고 자유자재로 움직일 수 있겠지요. 이 단계에 이르면 로봇은 사람의 도움이 필요 없어질 것입니다. 자기 스스로 생각하고, 스스로 에너지를 찾아 보충하면서 계속해서 움직일 수 있을 테니까요.

만약 그런 세상이 온다면 우리는 '이런 생각하는 기계 장치'의 존재를 어떻게 받아들여야 할까요? 사람과 같은 하나의 인격체로 대우해야 할까요. 아니면 그저 기계 장치로 생각해 차갑게 대해야 할까요? 그 기계는 우리 인간에게 도움이 될까요, 아니면 위협이 될까요?

저는 현재 상황에서 일어날 가능성이 거의 없는 일을 걱정하는 것이 현실적인 문제 해결에 도움이 되지 않는다고 앞서 누차 이야기했습니다. 의미 없이 암울한 걱정과 우려를 한다고 한들, 아무런 도움이 되지 않는 일입니다. 먼 미래에 혹시, 만에 하나 일어날지도 모를 일의 해결책을 21세기인 지금의 기술과 문화 속에서 고민해 보아야 아무도 답도 내놓기 어렵기 때문이지요. 이제는 그 사실을 여러분도 아주 잘 알고 있으실 것입니다.

그러나 한 발 떨어진 시각에서 미래를 차근차근 상상해 보는 것 자체는 꽤 의미가 있다고 여겨집니다. 세상에는 '사고 실험'이라는 개념도 있기 때문입니다. 이것은 실현 가능성이 거의 없는, 다소 극단적인 상황을 상정해 보고, 거기서 생기는 폐해나 불합리한 점 등을 생각해 보는 논리적인 검증 방법입니다.

'미래를 미리부터 명확하게 알기란 사실상 불가능하다. 그렇다면 미래에 어떤 일이 벌어질지, 매우 극단적인 상황까지 포함해 두루두루 예측해 보자. 그렇다면 현실에서 눈에 보이지 않던 미진한 대응책에 대해 여러 가지 답을 생각해 볼 수 있게 된다.'는 점에서 의미가 있을 것입니다. 그만큼 가까운 미래에 실제로 일어나는 일에 대해 더 유연하게 대응할 수도 있을 것이고요.

잠깐, 내 보스가 로봇이라고?

그런 의미에서 이제 다소 억지스러운 가정을 하나 해봅시다. 어느 날 한 회사의 사장님으로, 인간보다 훨씬 더 똑똑한 로봇이 취임했다고 생각해 봅시다. 이 '로봇 사장님'은 결코 지시한 일을 잊지 않고, 어떤 보고를 받아도 순식간에 가장 효율적인 일정을 짤 수 있습니다. 업무의 실현 가능성을 가장 높은 확률로 계산해 내서 적절하게 지시할 수 있습니다. 로봇 사장님은 모든 판단을 사람보다 훨씬 더 빠르게 할 수 있고, 비용은 단돈 1원도 손해 보지 않도록 계산할 수 있습니다. 그렇다면 이 회사에 일하는 직원들은 어떻게 될까요.

저는 가끔 학생이나 일반 청중을 대상으로 강연을 할 때가 있는데, 그때마다 "로봇과 인공지능이 점점 더 발전한다는데, 미래가 어떻게 바뀔 것인지 불안하고 궁금합니다."라는 질문을 많이 받습니다. 이런 경우 이 로봇 사장님의 이야기를 해주고, 앞으로 이 회사는 어떻게 될지 함께 예상해 보자고 제안해 봅니다.

그런데 이 과정에서 아주 다양한 반응이 나옵니다. 가장 자주 듣는 대답은 '잔인한 로봇 사장님 때문에 모두가 힘들어질 것'이라는 이야기더군요. 로봇 사장님이 만든 규칙대로 몸이 아픈 직원도 어쩔 수 없이 회사에 출근해야 할 것 같다는 식의, 대개 냉혹하고 비정한 회사를 떠올립니다. 조그만 실수에도 즉시 벌점을 받는 기계적인 회사가 될 거라고 말하는 경우도 많습니다. 즉 기계가 인간을 지배하는 세계를 크게 우려하는 것이지요. 기계는 사람과 달리 매정하고 규칙을 철저히 지킬 것이라고 여기는 겁니다.

개중에는 로봇 사장님이 사람들의 할 일을 결정한다면, 사람들은 그저 주어진 일만 시키는 대로 하게 되지 않겠느냐는 생각도 많았습니다. "조금만 회사 규정을 어기면 여지없이 월급이 깎일 것 같다. 실수 한 번만 하면 즉시 경고 티켓을 받을 것 같다."는 말도 가끔 듣습니다. 혹은 일을 남보다 10점만큼 더 잘했으면 평가도 정확하게 10점이 올라갈 것이고, 일을 잘하는 사람에게는 더 좋은 회사가 될 것 같다는 예상도 있었습니다.

가끔 이런 생각을 하는 학생도 있더군요. '로봇 사장님이 생각하기에 이미 로봇이 인간보다 훨씬 똑똑할 테니 굳이 사람을 직원으로 쓸 필요가 없을 것이다. 로봇 사장님은 결국 자신과 같은 로봇만 남겨두고 모든 직원들을 쫓아낼 것이다.'란 생각입니다. 즉, 기계의 등장으로 모든 사람은 일자리를 잃고 쫓겨날 것이라는 우려도 자주 나오고는 했습니다.

이 말은 실제로 어느 정도 설득력이 있습니다. 인공지능을 가진 로봇은 지치지 않으며, 불평불만이나 동료에 대한 시기, 질투도 없을 것입니다. 또한 모든 일을 실수 없이 빠르게 척척 처리할 것입니다.

로봇이 사장님으로 있는 회사에는 인간은 구성원으로 남아 있지 않게 될 가능성도 분명히 있습니다.

자, 이제 여러분이 '로봇 사장님'이라고 생각해 봅시다. 로봇이 자신보다 업무 효율이 낮은 사람에게 강제로 일을 시키는 상황, 혹은 인간을 모두 배제하고 가장 일을 잘할 수 있는 로봇만으로 모든 직원을 꾸리는 상황, 이 두 상황 중 어떤 쪽을 선택할 것인가요. 회사의 사장님이라면 당연히 더 적은 비용으로, 더 멋진 제품을 더 빠르게 개발하고 판매해, 더 많은 이익을 올리는 것이 우선일 텐데요. 그렇게 본다면 답은 비교적 뻔해 보입니다.

재화, 경제생활의 중심은 결국 인간

이 단계에 이르렀다면 지금까지 한 생각이 맞는지 한 걸음 떨어져서 고민해 볼 필요가 있겠지요. 가장 먼저 생각해야 할 점은 로봇 사장님의 목적입니다. 로봇 사장님이 회사를 운영하며 돈을 버는 까닭은 뭘까요? 로봇 사장님도 회사의 이사회가 됐건, 회사의 소유주가 됐건, 어느 누군가가 사장 일을 하라고 시켰기 때문에 그 일을 시작했을 것입니다. 그는 다른 로봇에게 일을 시켜 물건을 만들어 팔 것이고, 그 물건이 잘 팔릴수록 점점 많은 돈을 벌 수 있겠지요. 직원들

도 마찬가지입니다. 사장, 임원, 직원, 생산 공장의 핵심 부품까지 모든 것이 로봇인 회사라면, 이 회사에서 벌어들인 돈은 누가 갖게 될까요? 사장님을 포함해 로봇 전무, 로봇 부장님들인 자신을 위해 돈을 모으고 싶어 할까요? 그 돈을 모아서 어디다 쓰려고 할까요?

여기서 우리는 로봇이 가진 목적의식이나 재화에 대한 욕심 자체가 인간과 기준이 과연 같을 것인지를 반드시 고려해야 합니다. 사실 우리는 그 답을 알고 있습니다. 로봇이 돈을 벌려는 목적은 명백합니다. 그 로봇을 소유한 인간, 즉 자신의 주인에게 가져다주기 위해서이겠지요. 그 이외의 다른 목적으로 매일 열심히 일하며 돈을 벌 리가 만무합니다.

조금만 더 생각을 넓혀 봅시다. 로봇 사장님이 운영하는 회사가 최신형 스마트폰을 만들어 파는 회사라고 생각해 봅시다. 이렇게 로봇들이 만들어 낸 제품은 누가 돈을 주고 사게 될까요? 다른 회사에 일

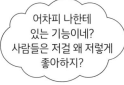

하는 또 다른 로봇이 구매할까요? 만일 로봇에게 돈을 쓸 권리가 있다고 해도, 로봇이 굳이 스마트폰을 살 리가 없습니다. 모든 로봇은 자체적으로 그런 통신 기능이 있을 텐데 굳이 귀찮게 스마트폰을 사서 들고 다닐 필요가 없지요. 로봇이 친구 로봇, 동료 로봇에게 자랑하고 싶어서 더 고급 스마트폰을 살 거라고 생각하기는 더더욱 어렵습니다. 로봇이 일해서 만든 스마트폰을 사서 쓰는 존재는, 역시 사람일 수밖에 없습니다. 세상의 모든 로봇이 아무리 똑똑해진다고 해도 말입니다.

로봇이 인간처럼 똑똑해질 경우에 생길 법률적인 문제도 고민해 보아야 합니다. 조금 뒤에 더 이야기할 테지만, 사람이 아닌 로봇이 재산을 소유하려면 특별 법률이 필요할 것입니다. 그런데 이 법을 만드는 존재는 어찌 되었든 인간일 것입니다. 법이란 결국 인간들의 입법 기관인 의회(국회)에서 만들어집니다. 그런데 국회의원들이 모여서 '로봇이 인간을 통제하거나 대등한 권리를 갖도록 헌법을 개정하자'는 법을 만들 리가 없지 않을까요. 로봇이 돈이나 집, 자동차 등을 소유하려면 '로봇도 인간처럼 독립된 재산권을 행사하며 살아갈 수 있다'고 법으로 정해 주어야 하는데, 그것도 허용해 줄 리 만무합니다(다만 편의를 위해서 제한된 권한을 허용하리라는 예상도 있습니다. 그 이야기는 조금 뒤에 하도록 합니다). 결국 '로봇'만 일하는 이 회사에서 번 돈은, 형태가 복잡하게 달라질 수는 있지만 어쨌든 인간이 가져갈 수밖에 없습니다.

과학 기술이 점점 더 발전하면서 인간만큼 혹은 그 이상으로 똑똑한 로봇이 등장한다고 해도, 재화를 생산하고, 그 재화를 소비하고, 주고받는 주체, 즉 경제생활의 중심은 결국 인간이라는 결론을 내릴 수 있습니다. 기술적으로 완전히 로봇뿐인 공장이 만들어질 수는 있지만, 그 공장이 운영되는 목적은 역시 인간을 위해서라는 생각도 할 수 있을 것입니다.

다시 처음으로 돌아와 생각해 봅시다. 강한 인공지능이 산업 전반에 들어온 사회는, 정말 로봇이 인간 위에 군림하거나 사람의 일자리를 빼앗는 세상일까요? 한편으로는 그런 세상이 올 우려도 있습니다. 그러나 또 다른 세상을 생각할 수도 있습니다. 사람이 일을 전혀 하지 않아도 원하는 물건이나 집, 서비스를 마음대로 얻을 수 있는 세상입니다.

이 정답이 없는 문제에 대해 여러분은 어떻게 생각하시나요? 지금까지는 잠시 예를 들어 설명해 보았습니다만, 생각의 방향은 사람마다 다를 수도 있습니다. 강한 인공지능을 장착한 고성능 로봇이 마침내 현실에 등장한다면, 인간과 로봇의 관계는 어떻게 바뀔지, 이 사회의 모습은 어떻게 바뀔지, 이 책을 읽는 여러분도 차근차근 생각해 보는 시간을 갖기를 꼭 권유드립니다.

로봇과 함께 살아가기 위한 '안전 장치'를 만든다

인간 이상으로 똑똑해진 인공지능 로봇을 우리는 어떻게 통제하고, 대우해야 할까요. 정말로 자아를 가진 강한 인공지능이라면, 언젠가는 로봇들이 인간에게 반항할지도 모릅니다. 저도 회사를 다니는 직장인이지만, 상사의 지시를 듣지 않거나 살짝 거짓말을 할 때도 있습니다. 그럼에도 회사 생활을 큰 문제없이 이어 갈 수 있는 건, 회사와 저라는 사람 사이에 지켜야 할 기본 규칙과 규약이 있기 때문이지요.

로봇과 함께 살아가는 데도 이러한 기본 규칙과 규약이 필요합니다. 가장 자주 거론되는 개념은 '로봇 3원칙'입니다. 과학 스토리SF

작가인 아이작 아시모프가 1942년에 발표한 단편소설《런어라운드 Runaround》에서 처음 소개한 것으로, 영화 '아이 로봇'과 그 원작 소설에도 등장하지요.

로봇 3원칙은 다음과 같습니다. △로봇은 인간을 위험에 처하게 하면 안 되고(1원칙) △1원칙에 어긋나지 않는 한 로봇은 인간의 명령을 들어야 하며(2원칙) △1, 2원칙에 어긋나지 않는 한 로봇은 자신을 지켜야 한다(3원칙)는 내용입니다. 너무도 유명해 누구나 한 번은 들어 보았을 내용이지요. 로봇 지능을 설계할 때 이 세 가지 원칙을 반드시 지키도록 프로그램한다면 언제든지 인간이 로봇을 통제할 수 있다고 보는 것입니다.

최근에는 로봇이 인간보다 더 높은 지능을 가질 상황에 대비해 새로운 '2대 프로토콜(규약)'을 고려하기도 합니다. 첫 번째 프로토콜은 로봇은 생명체를 해치거나 죽도록 방치하지 않는다는 것, 두 번째는 로봇은 자신이나 다른 로봇을 고치거나 개조할 수 없다는 것을 규정하는 것입니다.

이 개념은 영화 '오토마타'에 등장하면서 로봇 공학자와 인공지능 학자들 사이에서 화제가 되었습니다. 이 규약에 따르면 로봇은 반드시 사람이 만들어 주어야 합니다. 인간이 정한 기준보다 로봇의 기능이 우수할 경우 통제가 안 되기 때문이지요. 만약 인간보다 똑똑해진 로봇이 또 다른 로봇을 새롭게 만든다면, 그 로봇은 인간의 통제를 벗어날 가능성도 있습니다.

실제로 이와 관련된 법을 제정하려는 노력도 있었습니다. 아직 인공지능이 인간을 직접 위협할 수준은 아니지만, 언젠가는 관련한 법과 제도가 필요하다고 보고 미리부터 법적, 제도적인 대응책을 만들자는 것입니다. 이 밖에 강한 AI를 개발하는 사람은 그 기본 성격을 인간에게 복종하도록 만들도록 법으로 규정하자는 이야기도 들립니다. 쥐가 선천적으로 고양이를 두려워하는 것처럼, 로봇이라는 '종種' 자체를 무조건 인간을 사랑하고 복종하게 만들어 인간의 안전을 확보하는 식이지요.

이런 고민을 실제로 법률로 만들려는 시도도 있습니다. 그 포문은 유럽연합EU이 열었습니다. EU는 2017년 1월 벨기에 브뤼셀에서 EU의회를 열어 AI 로봇의 법적 지위를 '전자 인간electronic personhood'으로 지정하는 결의안을 찬성 17표, 반대 2표, 기권 2표로 통과시켰답니다. 국가 차원에서 AI의 법적 지위와 개발 조건, 활용 방안 등에 대한 기술적, 윤리적 가이드라인을 제시한 것이지요.

사람은 아니지만 사람과 비슷한 권한을 일부 행사할 수 있는 존재는 뭐가 있을까요? 지금까지는 인간들의 공동체인 '법인' 정도만 그런 권리가 있었습니다. 법인은 사람이 아니지만 법적으로 권한을 행사할 수 있습니다. 주식회사 등이 그런 경우이지요. 법인은 실제로 존재하지는 않지만 건물을 살 수도 있고, 은행 계좌를 개설할 수도 있고, 다른 사람을 고용할 수도 있습니다.

즉 EU는 이와 비슷한 권한을 로봇에게 주겠다고 한 것입니다. 로봇은 사람이 비용을 치르고 거래할 수 있는 제품이지만, 인공지능을 갖추었다면 일정한 권리를 갖고 행동할 수 있도록 제도를 마련한 셈입니다. 사실 이런 제도를 어디선가 본 적이 있을 것입니다. 현대 문명 사회에서는 사라졌지만 불과 수백 년 전만 해도 이와 비슷한 제도가 있었습니다. 일정한 권리는 가졌지만 주인에게 종속적인 존재가 분명 있었습니다. EU는 인공지능 로봇을 인간을 위해 봉사하는 '노예' 계급으로 구분한 것입니다.

EU 의회는 AI가 인간에게 저항하는 것을 막는 방법도 고려했다고 하네요. 로봇이 인간에 반항하는 등의 비상 상황에 대비해 언제든 로봇의 움직임을 멈출 수 있는 '킬 스위치'를 마련할 것도 요구했답니다. 여기에 로봇 3원칙을 의무적으로 적용하도록 했습니다. EU는 당시 결의안에서 앞으로 이런 규범과 규칙을 전문적으로 논의하고 가다듬을 전문 기구의 신설도 제안했습니다. 또한 앞으로 로봇과 인간이 살아갈 법과 규정을 만들어 나갈 계획입니다.

직업과 사회 구조의 변화는
피할 수 없다

지금까지 먼 미래에 일어날 이야기를 해봤다면, 이번에는 좀 더 현실적인 생각을 해봅시다. 강한 인공지능 말고, 성능을 크게 높인 '고성능의 약한 인공지능'이 완전히 실용화된 세상. 이 세상에서 인간의 생활은 어떻게 변할까요.

사실 이 조건은 '4차 산업혁명 시대의 완성'으로 바꾸어 읽어도 무리가 없습니다. 사람들이 약한 인공지능을 비서처럼 사용하는 세상, 이 약한 인공지능이 사람을 위해 수많은 기계 장치(로봇)를 척척 조종해 주는 세상이 온다면 얼마나 편리해지고 살기 좋아질까요. 한편 세상이 좋아지는 만큼, 그에 따른 부작용으로 어떤 것들이 생겨날까요.

4차 산업혁명의 완성, 그 후

　사람들이 로봇과 인공지능으로 대변되는 4차 산업혁명을 놓고 가장 우려하는 것은 '일자리' 문제입니다. 앞서 강한 인공지능이 출현한다면 로봇 사장님이 인간 직원들을 다 내보낼 우려가 있다는 이야기를 했는데, 정도의 차이가 있을 뿐 이 일은 4차 산업혁명 시대에도 어느 정도 해당되는 사실입니다.

　물론 '기술의 발달은 더 많고, 다양한 일자리를 만들게 될 것'이라는 사실은 인간의 역사가 증명해 줍니다. 그러나 직업군에 변화가 일어나는 것 자체는 피하기 어렵겠지요. 당장 인공지능 로봇이 출현해 핵전쟁을 일으킬 거라는 걱정을 하는 사람은 많지 않지만, 비교적 가까운 시간 안에 많은 일자리가 변화하면서 큰 부작용이 찾아오리라는 우려를 보이는 사람들은 많은 이유입니다.

　예를 들어 '4차 산업혁명으로 인한 사회 변화를 지금까지의 변화와 동일하게 생각해서는 안 된다'는 예상도 있습니다. 1, 2, 3차 산업혁명과 달리, 4차 산업혁명이 되면 기술과 사회의 변화 속도가 예상치 못할 정도로 빨라질 것이고, 이런 변화를 예상치 못하면 사람이 아닌 '기계'가 기술을 발전시키기에 이르고, 결국은 이를 통제할 수 없는 '특이점'이 찾아오게 된다는 것입니다. 여기에 대응하지 못한 우리 인간은 결국 인공지능과 로봇에게 급속도로 일자리를 잠식당하고, 사회는 인공지능의 통제에 따라 움직이게 될 거라 생각합니다. 효율과 시스템을 중시한 사회 속에서 우리 인간은 그저 기계에 의해 주어진 삶을 살 거라는 우려입니다.

또한 아무래도 지식과 자본을 가진 사람들은 시대의 변화에 적응하기가 더 유리합니다. 그러한 사람들은 로봇이나 컴퓨터 시스템을 구입하거나 개발할 수 있습니다. 그런 장치들이 일해 주니 더 큰돈을 벌게 되는 것도 현실적으로 충분히 일어날 수 있다는 생각입니다. 이처럼 '로봇의 발전으로 일자리를 잃고 더욱 가난해진 삶을 살면 어떻게 하느냐'라고 우려하는 마음도 이해됩니다.

4차 산업혁명의 초입에 들어선 지금, 이미 여러 부분에서 고용, 즉 일자리가 실제로 줄어드는 것처럼 보이더군요. 요즘 햄버거나 치킨 등을 파는 패스트푸드점에 가본 적이 있나요. 5~6년 전만 해도 찾기 힘들던 자동 주문 기계(키오스크)가 여러 대 놓인 것을 볼 수 있을 것입니다. 터치스크린이 붙어 있고, 메뉴를 그림으로 보아 가며 하나씩 골라 주문할 수 있지요. 어떤 면에서는 아르바이트생에게 말로 주문하는 것보다 더 편리하기까지 합니다.

주문을 다 마치고 나면 신용카드는 물론 현금으로도 결제할 수 있으니 저는 카운터에 줄을 선 사람이 아무도 없어도 이 자동 주문 기계를 쓰기도 합니다. 하지만 이 상황이 손님에게는 더 편리하지만,

카운터에서 일하는 아르바이트생 한 명분의 일자리가 없어졌다는 뜻도 됩니다.

하지만 이렇게 자동화 기계가 하나둘씩 늘어나면 이런 장치를 만들고, 점검하고, 설계하고, 또 관리하는 일자리들도 생겨날 것입니다. 그 안에 들어가는 소프트웨어를 개발하고, 인공지능과 협업해 일련의 일들을 효율적으로 하도록 관리하는 전문가들이겠지요. 이것은 4차 산업혁명 시대에 맞는 고급 지식을 가진 사람들의 일자리 수가 빠르게 늘어난다는 의미이기도 합니다.

사라지는 직업은 그와 반대입니다. 하루 이틀, 길어도 수일 정도의 짧은 교육을 받고 빠르게 업무를 할 수 있는 일, 큰돈을 벌지는 못하지만 매일매일 열심히 일하면 현대 사회에서 생활은 유지되는 직업, 높은 사고 능력보다는 매뉴얼대로 일을 하면 되는 업무. 즉 저임금 노동자의 일자리가 사라지게 됩니다. 딱 잘라 말해서 아르바이트(파트타이머)와 비슷한 일은 앞으로 점점 줄어들 거라고 손쉽게 예상해 볼 수 있습니다.

저는 앞서 미래에 각광받을 직업군을 소개해 드렸습니다. 그런 직업을 가지려면 장기간 많은 노력이 필요하겠지요. 더구나 충분한 시간을 들여도 이런 일을 배우기 어려운 사람도 분명히 있답니다. 주위에는 혼자 스마트폰의 와이파이 설정도 못 바꾸는 사람들도 있습니다. 이런 사람들이 드론 개발자, 슈퍼컴퓨터 연구자로 일을 할 수 있을 리 없습니다. 사람들은 저마다 소질이 다 다른데도, 컴퓨터와 같은 정보 기기를 다루는 능력이 뛰어난 사람이 대접받기 더 유리한 세상이 된다는 것은, 이 시대에 적응하지 못하는 사람에게는 적잖은 우려가 될 것입니다.

사람들은 타고난 능력이 다 다릅니다. 어떤 사람은 운동 신경이 매우 뛰어나고, 어떤 사람은 사교적이고, 어떤 사람은 음감이 탁월하며, 어떤 사람은 암기력이 뛰어납니다. 사람의 재능은 저마다 달라 누가 더 우월하다고 단정 짓긴 어렵습니다만, 세상에는 사회에서 경제 활동을 해나가기에 적합한 소질이 없는 사람도 적지 않습니다. 지금까지 이런 사람들은 파트타이머 같은 단순한 일을 하면서 사회에 기여하며, 아쉽지만 하고 싶은 일을 하고 살았습니다. 그런데, 이제는 그 자리를 위협받기 시작한 것입니다.

약한 인공지능 기술로 인한 일자리의 우려는, 파트타이머에만 해당되는 것이 아닙니다. 어느 정도는 소질과 지식이 필요한 일자리까지 침범할 수 있습니다.

타고난 소질에 차이가 있듯이 교육으로 그 소질을 개발해 사회에 기여하는 정도도 모두 다릅니다. 예를 들어 지금까지 언어 능력이 탁월한 사람은 작가, 기자, 수필가, 시인, 작사가 같이 다양한 분야에서 활동할 수 있었습니다. 그 능력이 남보다 훨씬 탁월하고, 거기에 적절한 교육까지 받은 사람은 사회적으로 크게 인정받으며 많은 돈을 벌 수 있겠지요. 하지만 글쓰기에 다소 소질이 있다고 해도, 일류 작가나 기자, 편집자까지는 되기 어려운 사람도 있기 마련입니다. 지금까지는 그들도 직장을 갖고 일할 수 있었지요. 아주 많은 돈은 아니지만 적잖은 수입을 올릴 수 있었고, 자신의 소질과 교육 수준에 맞는 일을 하며 살 수 있었습니다.

하지만 인공지능 기술이 발전하면서 이런 낮은 단계의 일자리는 기계가 대체할 확률이 크게 높아집니다. 이 뜻은 결국 다음과 같습니다. 사람들의 심금을 울리는 멋진 장편 소설을 쓸 수 있는 일류 작가는 여전히, 아니 오히려 더 많은 돈을 벌 수 있습니다. 하지만 출판사, 신문 잡지사 등에서 글자를 고치는 교열, 교정 일을 보던 사람들, 짤막한 단편 글을 정리하던 사람들은 일자리가 위험해질 수 있는 겁니다.

취재 현장을 발로 뛰며 특종을 펑펑 터트려 대던 일류 기자, 사회의 문제점을 꿰뚫어 보고 깊이 있는 칼럼을 쓰던 논설위원의 영향력은 줄어들지 않을 테지만, 야구 경기를 보면서 '오늘은 A팀이 B팀을 3대 0으로 이겼다'는 속보를 전문으로 쓰던 기자는 설 자리를 잃게 되겠지요. 인공지능보다 더 빠르고, 더 깔끔한 문장으로, 더 정확한 내용으로 보도하기 어려울 테니까요.

사람처럼, 혹은 사람 이상으로 뛰어난 인공지능이 나오지 않더라도, 사람 대신 일할 수 있는 수많은 인공지능이 많은 일자리를 차지하는 것은 매우 당연한 일입니다.

이렇게 사라진 빈자리를 새로운 직군들이 메우게 될 것입니다. 즉 인공지능이나 로봇 등을 연구, 개발하고, 이를 사회와 연결하는 시스템을 관리하는 사람들. 즉 4차 산업혁명 시대에 어울리는 새로운 직업이 차지하게 되는 것이지요.

물론 이것은 어디까지나 약한 인공지능이 고도로 발전해 사회 전반의 직업을 대체하는 수준이 되었을 경우를 예상한 것입니다. 하지만 지금도 우리는 이미 약한 인공지능과 작업용 로봇 같은 기술의 원리와 쓰임새를 알고 있습니다. 따라서 미래의 모습을 충분히 정확하게 가늠해 볼 수 있답니다.

기본 소득 제도와 로봇세

비록 약한 인공지능이라 할지라도, 성능이 고도로 높아져 많은 일을 할 수 있다면 사람의 일자리를 일정 부분 잠식하는 것은 피할 수 없는 일입니다. 결국 많은 사람이 일자리를 잃을 거라고 우려합니다. 반대로 인공지능 로봇을 보유하고, 이것들을 능수능란하게 제어할 수 있는 사람, 인공지능과 함께 일하는 새로운 부가 가치의 직업을 찾아낸 사람 등은 많은 부를 가지게 될 것입니다. 그런 능력이 없는 사람은 결국 직업조차 갖기 어렵게 되겠지요.

때문에 그런 미래가 되면 사회 보장 제도의 변화가 필요해진다고 보는 사람이 많습니다. 미래에는 돈을 사람이 아닌 로봇이 벌게 되고 그 돈의 소유주는 결국 인간이 될 것입니다. 그 때문에 빈부 격차가 더 커진다면, 이 때문에 가난하게 태어난 사람들이 직업을 가질 기회, 돈을 벌 기회조차 원천적으로 차단될 것입니다. 그러니 이를 위한 사회 보장이 필요하다는 시각입니다.

현재 많은 사람들에게 가장 설득력 있게 받아들여지는 제도는 기본 소득 제도와 로봇세입니다. 이것은 '일자리를 구할 수 있는 사람이 많지 않다. 그러니 사람이라면 누구나 정부에서 필요한 만큼 돈을 지급해 직업 없이도 생활할 수 있게 만들어 주자'는 취지의 제도들입니다. 그런 다음 스스로 더 많은 돈을 벌고 싶거나 꼭 하고 싶은 일이 있다면, 기본 소득과 지원 제도를 이용해 인공지능이 대체할 수 없는 고급 일자리를 찾을 기회를 얻으면 되겠지요.

모든 국민에게 기본 소득을 주려면 적잖은 돈이 필요합니다. 이 재원을 로봇세로 충당하자는 것입니다. 즉 인공지능 로봇을 구입해 많은 돈을 벌 수 있는 사람은, 보유한 로봇의 성능이나 수량에 맞춰 세금을 내도록 만드는 것입니다. 이 로봇세는 세계 최고 부자로 꼽히는 마이크로소프트의 창업자 빌 게이츠도 도입을 주장할 만큼 유명한 이론이지요.

많은 전문가들의 의견을 모아 본 것입니다만, 여러분이 보는 이런 세계의 모습은 어떻습니까? 생각하기에 따라 약한 인공지능은 많은 사람들의 일자리를 빼앗는 나쁜 존재일 수 있습니다. 그러나 긍정적으로 바라본다면 단지 생활을 유지하기 위해 적은 월급을 받고 힘겨운 아르바이트를 하지 않아도 되는 사회를 가져올 수 있을 것입니다. 내가 하고 싶은 공부는 언제든 할 수 있는 사회, 그리고 재능과 노력만 있다면 인공지능과 로봇의 도움을 받아 손쉽게 큰돈을 벌 수 있는 사회가 열릴지도 모릅니다.

생성 인공지능의 시대,
인간은 창의성에 더해 이것이 있어야 한다

"4차 산업혁명 시대에 자잘한 일은 모두 인공지능과 로봇이 맡게 될 것이다. 복잡하고 어려운 공부를 할 필요가 없어진다. 그러니 우리 인간은 '창의력'을 갈고 닦아야 한다."

4차 산업혁명 시대가 오면서 인공지능에는 없고 '인간만이' 가지고 있는 창의력을 키워야 한다는 이야기를 하는 사람을 자주 볼 수 있어요. 일부 학자들은 공공연하게 "교육 시스템을 뜯어 고쳐 과거의 체계를 모두 버리고 앞으로는 창의력 교육에만 집중해야 한다."고까지 이야기하지요.

앞서 '창의력'을 기르기 위해서는 기본적인 학력을 굳건히 다질 필요가 있다고 말씀드렸습니다. 국어와 영어, 수학 등 인간의 기본적인 '학습 능력'을 굳건히 할 필요가 있습니다. 여기에 더해 한 가지 더 드리고 싶은 이야기가 있습니다. 그것은 바로 여러분께서 '<u>주체적인 사람</u>'이 되었으면 한다는 것입니다.

우선 뜻을 명확하게 하기 위해 '창의력創意力'이란 단어가 무슨 뜻인지 정확히 알아볼까요? 표준국어대사전에서는 '[명사] 새로운 것을 생각해 내는 능력'이라고 적고 있습니다. 위키피디아에는 다음과 같이 적혀 있더군요. '창의성創意性은 새로운 생각이나 개념을 찾아내거나 기존에 있던 생각이나 개념들을 새롭게 조합해 내는 것과 연관된 정신적이고 사회적인 과정이다.'

즉 "4차 산업혁명 시대에는 창의성이 중요하다"라고 이야기하는 사람들은 인공지능이 새로운 생각을 해내거나 기발한 문제 해결 방식 등을 제시하지 못하고, 인간이 만들어 놓은 업무 방식을 그대로 답습하면서 일을 자동으로 척척 처리한다고만 생각하는 것 같습니다. 이런 생각은 처음부터 4차 산업혁명의 기본 원리를 이해하지 못하고 있다는 의미이기도 합니다. 앞서 이야기했듯이 <u>어느 정도 패턴만 지정해 준다면 인공지능은 사람 못지않게 창의성을 발휘합니다.</u> 생성 인공지능의 발달로 이미 인공지능이 시를 쓰고, 소설을 쓰고, 그림을 그리고, 작곡하는 단계에 이르렀습니다. 어느 것이든 인간만

이 할 수 있다고 생각되던 '창의'의 영역이지요. 바둑 인공지능 '알파고'도 마찬가지입니다. 인간 바둑 기사보다 알파고가 창의성 있는 수, 이른바 '묘수'를 훨씬 더 잘 두는 것도 이미 잘 알려진 이야기랍니다. 즉 연결형 인공지능, 그중에서도 고성능 생성형 인공지능은 개발하기에 따라 인간이 뭔가 '번쩍'하면서 떠올리는 아이디어 정도는 구현해낼 여지가 충분합니다. 더구나 인간은 아이디어를 실현하고 몸에 익히는 데 시간이 걸리지만, 인공지능은 한두 시간, 길어도 하루 정도면 인간이 평생 학습한 시행착오 결과를 스스로 쌓을 수 있지요.

"그런 것은 진짜 인간이 가진 창의력과 다른 것 아니냐?"고 이야기하는 사람도 있을 수 있습니다. 하지만 그런 질문은 의미 없는 것이지요. 어찌 되었든 그런 기능은 인간의 창의성을 대신할 수 있는 것들이니까요.

물론 창의성은 인간에게 있어 매우 중요합니다. 스스로 지식과 경험을 갖추고 창의성을 갖춘 사람이 인공지능이라는 무기를 가지게 됐을 때 그 파급 효과는 더욱 클 것입니다. 하지만 '인공지능은 창의성이 전혀 없다'라고 착각해서는 곤란합니다. 그것을 믿고, 공부하지 않는 것은 더욱 위험한 일이지요.

그렇다면 창의성을 갖춘 인공지능의 시대에서 인간은 어떤 능력을 더욱 발휘해야 할까요? 바로 창의성에 더해, 스스로 일을 찾고, 업무를 조율하고, 그 업무를 자신의 의지로 해나가는 '주체성'과 '실행력'이지요.

자아, 인공지능은 가질 수 없는 인간만의 영역

인간이 가진 지능이 인공지능에 비해 뛰어난 점이 무엇일까요. 앞서 설명한 것처럼 두 가지가 있습니다. 그것은 '자아'를 갖추고 있다는 점입니다. 즉 인간은 현재 인공지능으로는 구현하기가 사실상 불가능한 '강한 인공지능'을 가지고 있습니다. 이것은 인간만이 가진 대단한 장점입니다. 자아가 있어야만 주체성을 가질 수 있고, 그 주체성에 따라 스스로 자신이 해야 할 일을 정하고 실행하는 '실행력' 역시 가질 수 있기 때문입니다.

그 밖에 사람은 잘할 수 있는데 인공지능은 못하는 일이 또 하나

있습니다. 바로 '범용 지능'입니다. 앞서 인공지능이 '스키'를 배우는 이야기를 하며, 인간은 어떤 일이든 시작할 때는 바로 그 즉시 해볼 수 있는 '만능성'을 가지고 있다고 이야기했습니다. 이런 지능을 '범용 지능'이라고 합니다. 이런 점도 인공지능은 갖지 못한 인간만의 특성입니다. 범용 인공지능을 개발하려는 노력도 있습니다만, 실마리를 풀지 못하고 있습니다. 강한 인공지능 정도는 아니겠지만 현재로서는 언제 개발될지 모르는 대단히 어려운 과제 중 하나입니다.

그렇다면 우리 인간은 이런 특징을 살려야 합니다. 평소에 주위를 보면 매사 무슨 일을 좀 해보라고 하면 '나는 그런 것을 배우지 않았으니까', '나는 그런 일을 해본 적이 없으니까'라는 핑계를 대며 한사코 어떤 일을 하지 않으려는 사람들을 의외로 자주 볼 수 있지요.

하지만 이런 태도는 4차 산업혁명 시대에 적합하지 않습니다. 인간이 가진 범용 지능을 살리지 못하는 경우라고 할 수 있습니다. 서툴더라도 어떤 일을 해보아야 그 일의 특성을 알게 됩니다. 그래야 인공지능을 효과적으로 학습시켜 일하게 하거나, 다른 사람과 협업도 할 수 있게 됩니다. 이처럼 해보지 못한 일도 적극적으로 해보는 태도, 새로운 일에 주체적으로 달려드는 태도는 대단히 중요한 것입니다. 그래야 새로운 경험도 많이 할 수 있게 되고, 그런 경험이 쌓여 또 다른 새로운 일도 잘 해낼 수 있게 되기 때문입니다. 이것은 세상을 살아가면서 어떤 판단을 할 때, 어떤 일을 실행하고 행동에 옮길 때 대단히 커다란 자산이 된답니다.

즉 4차 산업혁명 시대. 우리 인간이 기본 덕목으로 삼아야 할 것은 '자아'와 '범용 지능'이 기본입니다. 이 두 가지를 바탕으로 '주체성'과 '실행력'이라는 자질을 익혀야 하지요. 실제로 이 두 가지 자질은 인공지능 시대에 무엇보다 중요한 역량일 수 있습니다.

미래 세상에서 생존해 나가기 위해
더 중요해진 두 가지 기초 능력

세상을 살아가면서 인간에게 필요한 능력은 무엇일까요. 여러 가지 구분이 있지만, 개인적으로 가장 마음에 드는 내용이 있습니다. 바로《생존력》(2009)이라는 책에서 본 일본 정부가 '사회가 정말로 원하는 개인의 능력'을 조사해 '사회인의 기초력 12가지'로 발표한 것입니다. 다음에 알기 쉽게 표로 정리해 보았습니다.

창의력 등이 포함된 '생각해내는 힘'은 물론 중요한 조건 중 하나입니다. 하지만 실제로 여러분이 세상을 살아가면서, 또 추후 학교를 졸업하고 사회생활을 하면서 창의력이 차지하는 비중은 여러 가지 기본 조건 중 하나입니다. 더구나 이미 말씀드렸듯이, 앞으로는 인공지능으로 일정 부분 대체가 가능해지겠지요.

앞으로 나아가는 힘	• 주체성 : 자진해서 일에 매달리는 힘 • 설득력 : 다른 사람을 설득해서 끌어들이는 힘 • 실행력 : 목적을 설정하고 행동하는 힘
생각해내는 힘	• 과제 발견력 : 현상에 맞는 과제를 확실히 아는 힘 • 기획력 : 과제를 해결하기 위한 프로세스 설정 능력 • 창조력(창의력) : 새로운 가치를 만들어 내는 힘
팀에서 일하는 힘	• 발신력 : 자기 의견을 알기 쉽게 전하는 힘 • 경청력 : 다른 사람의 의견을 정중히 듣는 힘 • 유연성 : 다른 의견을 이해하는 힘 • 정황 파악력 : 주변 사람과 일의 관계를 이해하는 힘 • 규율성 : 룰과 약속을 지키는 힘 • 스트레스 조정력 : 스트레스에 대처하는 능력

그런데 '앞으로 나아가는 힘'이나 '팀에서 일하는 힘'은 대부분 자아와 관계가 있습니다. 우선 주체성만 해도 그렇지요. 인공지능이 자기 스스로 '오늘은 일하기 싫다'거나 '숙제할 것이 걱정되니 빨리 집으로 가야겠다'는 식의 사고를 할 리 없지요. 자아가 있어야 타인과 자신의 관계를 이해할 수 있고, 그래야 '설득력'도 생깁니다. 그래야 자신의 의견을 알기 쉽게 전하는 '발신력'도 생길 수 있습니다.

사실 4차 산업혁명 시대가 아니더라도 인간이 살아가는 데 이 '주체성'과 '실행 능력'이 무엇보다 중요하다는 건 과거에도, 현재에도, 그리고 미래에도 변함없이 진실일 것입니다. 예를 하나 들어 볼까요. 친인척 중 마음 한편으로 대단히 존경하는 한 사람 있습니다. 그 사람은 컴퓨터를 능수능란하게 사용할 줄도 모르고, 인공지능의 기본적인 개념도 잘 모르지요. 사실 기획력과 창조력도 중간 수준이나 그 이하로 판단되는 경우도 적지 않습니다. 그러나 그는 지금 외국에서 사업을 해 많은 자산을 모았으며, 그 사회의 상류층으로서 굳건히 자리를 잡아 잘 살아가고 있습니다. 그는 자신의 의견을 정확하게 제시할 줄 알며, 그 의견을 바탕으로 타인을 움직일 줄 압니다. 그리고 무언가를 해야겠다고 판단하면 미적거리지 않고 즉시 결정해 일을 처리할 줄 압니다. 즉 주체성과 실행력이 대단히 강하며, 거기에 더해 기획력과 발신력을 갖추고 사람을 써서 일하는 사람이라고 할 수 있습니다.

반대로 이야기한다면, 이런 능력을 갖추지 못한 채 과제 발견력이나 기획력, 창의력 등만 뛰어난 사람은, 직장 생활을 어느 정도 해나갈 수는 있을지 몰라도 큰 성공을 거둘 가능성은 적습니다. 회사에서도 이런 직원을 의외로 자주 볼 수 있습니다. 창의력이 뛰어난 편이라 훌륭한 계획을 세웠는데, 막상 실행력이나 주체성은 거기에 미치지 못하니 하는 일마다 실패하는 경우입니다. 이런 일이 반복되면 회사는 이 직원을 어떻게 대우해야 할까요?

자꾸만 변하는 사회 시스템을 읽을 수 있으려면

또 한 가지 말씀드리고 싶은 것은 '인문학'에 대한 이해입니다. 세상이 발전하면서 일어나는 것은 사회 시스템의 변화입니다. 즉 4차 산업혁명이 일어나면서 인공지능과 로봇이 세상에 들어오고, 그런 시스템을 도입해 다양한 법과 제도도 만들어야 합니다.

여러분의 이해를 돕기 위해 자율주행 자동차 이야기를 잠시 해볼까요? 자율주행차의 안전 기준 문제가 있어 자율주행차가 사고를 일으키면 그 배상 책임은 누가 져야 할까요? 차 주인이 책임을 져야 할까요? 아니면 자동차를 만든 제조사가 져야 할까요? 차 주인은 그저 차를 타고 다녔을 뿐입니다. 그런 차가 사고를 냈는데 적잖은 돈을 사고 처리비로 물어야 한다면 달가울 리가 없겠지요. 그렇다고 자동차 회사 입장에서 모든 자율주행차 사고를 직접 책임질 수도 없는 일입니다.

그렇다면 결국 사고의 기준을 철저히 만들어 제조사의 실수로 밝혀진 경우에는 제조사가, 운전자의 실수가 밝혀진 경우는 차 주인이 보상하는 시스템을 만드는 방법 등을 마련해야 할 것입니다. 아니면 차량을 운행하면서 자율주행차량용 별도의 보험 시스템을 만드는 방안이나, 제조사와 차주가 약관에 따라 절반 정도씩 보험료를 부담

자율주행차가 늘어나면서 생기는 문제에 대한 제도와 시스템이 필요하다

하는 시스템도 생각할 수 있을 것입니다.

현재는 이런 제도적 시스템이 대단히 미비합니다. 이런 것을 개선하기 위해서는 사회적인 합의가 필요하며, 국회 등의 법률 제정까지 거쳐야 비로소 시행할 수 있습니다. 이런 논리를 철저히 가다듬지 않고 그저 제품만 개발하고 있다가는 시장에서 중요한 흐름을 놓치게 될 수도 있습니다. 이런 분야에 대해 철저히 논리를 세우고 가다듬을 수 있는 사람은 누구일까요? 과학자일까요? 아니면 인문학자일까요?

사회에 큰 변혁이 일어나고 있는 시기입니다. 많은 사람들이 첨단 컴퓨터 시스템이나 인공지능, 로봇 등을 공부한 사람들만 미래에 대우받을 것이라고 생각합니다만, 이런 시기에는 법, 제도, 윤리 같은 이른바 '인문학'의 영역이 한층 더 주목받을 가능성도 큽니다.

물론 이 과정에서 절대로 잊지 말아야 할 것이 하나 있습니다. 새로운 사회에 걸맞은 법과 제도, 윤리를 마련하려면, 과학과 기술에 대해 기초적이고 기본적인 지식을 반드시 갖춰야 한다는 점입니다. 나는 앞으로 인문학자가 될 것이니 과학과 기술에 대한 공부를 하지 않아도 된다고 생각해서는 곤란하다는 것이지요. 적어도 개발자들과 대화가 통할 수 있을 정도의 지식을 갖춰야 할 것입니다. 이런 노력을 등한시하면 결코 새로운 시대의 인재로 성장할 수 없겠지요. 미래는 다양한 분야의 전문가가 협업하는 사회가 될 것이기 때문입니다.

신(新) 문명을 이해한
감성적 인간의 시대

다행(?)이라고 해도 좋을지는 모르겠습니다만, 이 정도까지 기술이 발전하려면 아직 시간이 꽤 필요합니다. 어느 날 갑자기 잘 다니던 회사의 사장님이 "자, 오늘부터 4차 산업혁명 시대니 내일부터 로봇을 들여올 것이고, 여러분은 당장 퇴사해야 합니다."라고 할 리는 없습니다.

증기 기관이 처음 등장하면서 1차 산업혁명이 시작된 것은 1700년대의 이야기입니다. 2차 산업혁명이라는 '전기 혁명'이 시작된 것은 1800년대의 이야기이지요. 그 이후에도 기계 기술, 에너지 기술은 계속해서 발전해 왔습니다만, 어쨌든 하나의 산업혁명이 태동하고 다음 단계로 넘어가는 데 100년 가까운 시간이 걸렸던 겁니다. 이 시간은 지금도 크게 차이 나지 않습니다. 2차 산업혁명에서 3차 산업혁명으로 넘어가는 데도 100년 가까운 시간이 흘렀지요. 3차 산업혁명은 1900년대 초반부터 시작했다고 보아도 무방합니다. 그러니 이 시기도 거의 80~90년 이상을 거쳐 완성돼 왔습니다.

앞으로 우리에게도 적잖은 시간이 있는 편입니다. 지금이 4차 산업혁명의 초입이라고 본다면 적어도 우리는 몇십 년간 지속될 변화를 바라보게 됩니다. 지금 우리가 할 일은 스스로 하고 싶은 일, 그리고 사회에서 필요한 일을 잘 살피고, 그 시대의 흐름에 맞는 노력을 기울이는 일이 아닐까요.

앞으로 인공지능과 로봇은 현대의 컴퓨터와 같은 존재가 되리라는 예측이 많습니다. 요즘은 누구나 컴퓨터로 일하지요. 컴퓨터 프로그래머가 아니어도, 컴퓨터 게임 개발 전문가가 아니더라도 컴퓨터가 있어야만 일할 수 있습니다.

누구나 컴퓨터를 사용하지만, 그렇다고 모든 사람이 컴퓨터 전문가인 것은 아닙니다. 그저 많은 사람들이 사용하기 편리하도록 만들어진 컴퓨터를 가지고 여러 분야에 이를 이용하고 있을 뿐입니다. 비록 컴알못일지언정, 주위의 도움을 받으면서라도 컴퓨터로 일하고, 또 그렇게 해야만 사회에 적응할 수 있습니다.

이 상황을 인공지능과 비교해서 생각해 봅시다. 예를 들어 소설을 쓰는 작가가 있다고 생각해 봅시다. 같은 역량을 가진 작가라면 인공지능 시스템의 도움을 능수능란하게 받을 수 있는 사람이 경쟁력이 높을 수밖에 없답니다. 혼자 고뇌하고 작품을 쓰는 작가보다는, 인공지능 시스템이 주는 다양한 정보를 받아들여 현실감 있는 글을 쓰고, 여기에 교열 교정 기능, 검색 기능, 쓴 글에 사실과 다른 점은 없는지 확인하는 '팩트 체크' 기능 등을 활용하는 사람이 여러 가지 면에서 유리할 테니까요. 자신이 쓴 책에 멋진 강아지 그림을 삽화로 넣고 싶다면 애써서 사진을 찾지 않고, 인공지능에게 "사용료를 내지 않아도 되는 강아지 그림 서너 장을 인터넷에서 찾아줘."라고 말하면 되겠지요. 그럼 인공지능은 여러분의 작품 스타일까지 고려해 어떤 비서보다 정확하게 일을 도와주겠지요.

그렇다면 이렇게 인공지능을 활용해 일할 때 어떤 점이 중요해질까요? 바로 타인과의 공감 능력이 한층 주목받게 됩니다.

예를 들어 건축 설계사 일을 한다고 가정해 봅시다. 건축 설계사도 인공지능의 도움을 받을 수 있습니다. 땅 모양에 적합한 건축물 구조를 단순히 설계만 하려면 인공지능 도구를 이용해 몇 초 안에 할 수 있을지도 모릅니다. 하지만 건축 설계사는 고객의 의견을 듣고, 그들이 원하는 것을 이해하고, 서로 대화하며 공감해야 합니다. 그래야 고객이 만족할 만한 건축물을 설계할 수 있겠지요. 고객과 소통하며 이 조건을 파악한 건축 설계사는, 이제 인공지능 조수(?)들을 이용해 수많은 건축 설계도를 만들어 보고, 이 중 가장 인간의 마음에 드는 것을 고르고, 필요한 부분을 수정하는 작업을 거처 일을 마무리할 것입니다. 전문가의 식견을 가지고 주위와 소통하려는 마음, 다른 사람과 원하는 바를 조율해 모두가 만족하는 일을 만들어 가는 일은 인공지능이 결코 할 수 없는 영역입니다. 새로운 혁명의 시대에 요구받는 인간의 모습은 결국 인간 본연의 모습에 대한 회귀라고 볼 수 있지 않을까 여겨집니다.

자동차가 보편적으로 쓰이면서, 사람들은 이제 먼 거리를 걸어 다닐 필요가 없어졌습니다. 다리 아프게 오랜 시간을 걷기 싫어서 개발했을 이 발명품은, 불과 100여 년 만에 누구나 이용하는 문명의 이기가 됐습니다. 제가 어릴 적인 1980년대만 해도 집에 자동차가 있는 사람이 많지 않았습니다. TV에 등장한 학자들이 "앞으로 우리나라에 자동차가 더 보급될 것이고, 사람들이 다리 근육이 점점 더 약해질지도 모르니 대비가 필요하다"면서 우려하던 기억도 납니다.

하지만 수십 년이 더 지난 지금, 자동차가 집집마다 보급됐습니다. 하지만 사람들의 다리는 그리 약해지지 않았습니다. 그만큼 인간들이 걷고, 뛰고자 하는 욕망도 강해졌기 때문입니다. 자동차가 개발되기 전에는 누구도 억지로 하지 않았을 산책, 조깅 등이 새로운 취미 생활로 떠올랐습니다. 저녁만 되면 한강변에는 운동을 하는 사람들로 가득하지요. 케이블카만 타면 언제든 산 정상까지 올라갈 수 있지만, 사람들은 그래도 땀을 흘리며 산 정상까지 등산을 합니다.

오히려 산책과 조깅, 등산과 같은, 인간 본연의 활동을 더 쾌적하고 안전하게 즐기기 위해 또 다른 기술을 연구합니다. 추위와 비바람에도 끄떡없는 등산복, 미끄러운 산길에서도 발목이 삐지 않는 등산화 등도 속속 등장하고 있지요. 이 과정에서 어떤 첨단 기술을 보유했는지는 점차 그 중요성이 낮아질 것입니다. 인공지능이 사람 대신 연구를 할 수 있고, 인공지능이 사람 대신 제품 샘플을 생산하게 된다면, 어느 회사나 최고의 성능을 가진 제품을 만들 수 있겠지요.

그렇다면 여기서 인간이 해야 할 일은, 결국 다른 인간에 대한 이해입니다. '조깅을 하는 사람들이 원하는 기능은 무엇일까? 그들은 어떤 마음으로 등산복을 고르고 있을까?'를 공감하는 사람이 미래에 경쟁력 있는 위치에 오르지 않을까요. 세상에 어떤 기술, 어떤 서비스가 등장하든, 인간의 본질은 변하지 않을 것입니다. 세상이 발전할수록, 사람들은 인간 본연의 모습에서 답을 찾아왔습니다. 그런 노력으로 언제나 또 다른 산업을 만들어 나가고 있을 테니까요.

누구도 명백한 미래는 알 수 없습니다. 확실한 건 인공지능과 로봇은 인간 대신 많은 일을 자동으로 처리해 주는 유용한 기술이라는 점입니다. 우리가 가져야 할 마음은 이 새로운 기술과 문명을 받아들여, 우리가 하고 싶은 일과 그 뜻을 마음껏 펼쳐 나가는 데 유용한 도구로 활용하는 것입니다.

여러분이 보람을 느끼며 하고 있는 일, 혹은 미래에 반드시 하고 싶은 그 일이 어떤 것이든 좋습니다. 1차 산업혁명 시대에 처음 생겨난 일이건, 혹은 앞으로 다가올 4차 산업혁명 시대에 새롭게 생겨날 첨단 직업이건, 그 차이 역시 중요하지 않습니다. 중요한 건 미래에 새롭게 바뀔 문명을 받아들이고 유용하게 활용하려는 여러분의 각오, 그리고 그 시대를 함께 살아갈, 같은 인간을 먼저 생각하는 마음가짐에 있을 테니까요.